BERICHTE ÜBER DIE VERHANDLUNGEN DER SÄCHSISCHEN AKADEMIE DER WISSENSCHAFTEN ZU LEIPZIG

Mathematisch-naturwissenschaftliche Klasse

Band 97 · Heft 7

HANS SCHUBERT

ÜBER EINE LINEARE INTEGRODIFFERENTIALGLEICHUNG MIT ZUSATZKERN

1950

AKADEMIE-VERLAG BERLIN

Berichtigungszettel

Die Abschnittsüberschriften des vierten Kapitels auf Seite 32, Seite 36 und Seite 42 lauten mit richtigen Formelnummern versehen:

Seite 32: b) Das Randwertproblem (16,1),

Seite 36: c) Das Randwertproblem (16,2),

Seite 42: d) Das Randwertproblem (12,16).

BERICHTE ÜBER DIE VERHANDLUNGEN DER SÄCHSISCHEN
AKADEMIE DER WISSENSCHAFTEN ZU LEIPZIG

Mathematisch-naturwissenschaftliche Klasse

Band 97 · Heft 7

HANS SCHUBERT

ÜBER EINE LINEARE INTEGRODIFFERENTIALGLEICHUNG MIT ZUSATZKERN

1950

AKADEMIE-VERLAG · BERLIN

Vorgelegt durch Herrn Hölder in der Sitzung vom 21. März 1949

Manuskript eingeliefert am 9. August. 1949

Druckfertig erklärt am 7. Juni 1950

Erschienen im Akademie-Verlag GmbH., Berlin NW 7, Schiffbauerdamm 19

Lizenz-Nr. 156 · 7204/49 - 9717/49

Satz und Druck Buchdruckerei Oswald Schmidt GmbH., Leipzig M 118

Bestell- und Verlagsnummer: 2027/97/7

Preis: DM 9,25

1. Einleitung[1])

1. Gewisse Aufgaben der theoretischen Aerodynamik [13b], [16c], [16d], [19b][2]) lassen sich auf Integrodifferentialgleichungen der Form

$$\frac{1}{2\pi}\oint\limits_a^b \frac{df}{dx'}\left(\frac{1}{x-x'}+K(x,x')\right)dx'=g(x) \tag{1,1}$$

bzw.

$$f(x)=h(x)\left\{g(x)-\frac{1}{2\pi}\oint\limits_a^b \frac{df}{dx'}\left(\frac{1}{x-x'}+K(x,x')\right)dx'\right\} \tag{1,2}$$

zurückführen, wobei die in (1, 1) und (1, 2) vorkommenden Integrale als CAUCHYsche Hauptwerte zu verstehen sind. Gegeben sind die Funktionen $g(x)$ und $h(x)$, wobei außerdem

$$h(x)>0 \quad \text{für} \quad a<x<b \tag{1,3}$$

sein soll, sowie der Zusatzkern $K(x, x')$ der im Grundbereich

$$a\leqq x\leqq b, \quad a\leqq x'\leqq b \tag{1,4}$$

entweder durchweg stetig ist oder einer Abschätzung von der Form

$$|K(x,x')|\leqq \text{const}\cdot|x-x'|^{\alpha-1}\ (0<\alpha<1) \tag{1,5}$$

genügt. Von der gesuchten Funktion $f(x)$ wird gewöhnlich verlangt, daß sie im Intervall $\alpha \leqq x \leqq b$ stetig ist und bei $x = a$ und $x = b$ verschwindet.

Vom Standpunkt der Anwendungen aus ist ein Verfahren erwünscht, das die Herstellung guter Näherungslösungen von (1, 1)

[1]) Die Ergebnisse dieser Abhandlung wurden vom Verfasser im Mathematischen Kolloquium der Universität Berlin am 20. 7. 1948 vorgetragen.

[2]) Die Arbeit [19b] von J. WEISSINGER wurde mir in dieser Fassung erst nach Abschluß meiner Untersuchungen bekannt.

und (1, 2) mit tragbarem Rechenaufwand ermöglicht. Außerdem müßte ein einfaches Kriterium hergeleitet werden, das den Gültigkeitsbereich des Näherungsverfahrens sicherstellt. Von diesem Standpunkt aus hat M. EICHLER [2] die Integralgleichung 1. Art

$$\frac{1}{\pi}\oint_{-1}^{1}\varphi(x')\left(\frac{1}{x-x'}+K(x,x')\right)dx'=g(x), \qquad (1, 6)$$

die aus (1, 1) durch Einführung von $\varphi(x)=\frac{1}{2}\frac{df}{dx}$ hervorgeht, für eine spezielle Klasse von Zusatzkernen behandelt. Er transformiert die Integralgleichung auf die Form

$$\frac{1}{\pi}\oint_{-1}^{1}\varphi(x')\frac{dx'}{x-x'}=\frac{d^{n+1}}{dx^{n+1}}\gamma(x) \qquad (1, 7)$$

und bestimmt $\gamma(x)$ als Lösung einer linearen inhomogenen Differentialgleichung $(n+1)$ter Ordnung unter Zuhilfenahme einer GREENschen Funktion $G(x, x')$. Als allgemeine Lösung von (1, 7) ergibt sich dann bekanntlich (A. BETZ [1], R. FUCHS [3], K. SCHRÖDER [15], H. SÖHNGEN [17]), der Ausdruck

$$\varphi(x)=\frac{\varphi_0}{\pi\sqrt{1-x^2}}-\frac{1}{\pi}\oint_{-1}^{1}\sqrt{\frac{1-x'^2}{1-x^2}}\,\frac{\gamma^{(n+1)}(x')}{x-x'}\,dx', \qquad (1, 8)$$

wobei φ_0 eine beliebige Konstante bedeutet. Die EICHLERsche Arbeit verfolgt in erster Linie das Ziel, brauchbare Näherungslösungen von (1, 6) zu gewinnen und läßt die Frage nach den Gültigkeitsgrenzen des benutzten Verfahrens beiseite.

2. Im Sonderfall $K(x, x')=0$ hat H. MULTHOPP [8] ein einfaches Näherungsverfahren zur Lösung von (1, 2) entwickelt, das auf die Auflösung eines linearen Gleichungssystems mit überwiegender Hauptdiagonale hinausläuft und sich folgendermaßen auf Zusatzkerne der oben angegebenen Art verallgemeinern läßt. Mittels einer geeigneten trigonometrischen Substitution von x und x' lassen sich die Integrodifferentialgleichungen (1, 1) und (1, 2) auf die Gestalt

$$\frac{1}{4\pi}\oint_0^\pi \frac{df}{d\vartheta'}\left(\frac{1}{\cos\vartheta'-\cos\vartheta}+K(\vartheta,\vartheta')\right)d\vartheta' = g(\vartheta) \tag{2, 1}$$

bzw.

$$f(\vartheta) = h(\vartheta)\left\{g(\vartheta) - \frac{1}{4\pi}\oint_0^\pi \frac{df}{d\vartheta'}\left(\frac{1}{\cos\vartheta'-\cos\vartheta}+(K\vartheta,\vartheta')\right)d\vartheta'\right\} \tag{2, 2}$$

bringen. Als Näherung n-ter Ordnung für die gesuchte Funktion $f(\vartheta)$ dient das Interpolationspolynom

$$f_n(\vartheta) = \frac{2}{n+1}\sum_{\sigma=1}^{n} f_{\sigma n}\sum_{\mu=1}^{n}\sin\mu\vartheta_\sigma \sin\mu\vartheta \tag{2, 3}$$

mit

$$\vartheta_\sigma = \frac{\sigma\pi}{n+1}\,(\sigma = 1, 2, \cdots, n),\quad f_{\sigma n} = f_n(\vartheta_\sigma), \tag{2, 4}$$

wobei die darin enthaltenen Konstanten $f_{\sigma n}$ noch in passender Weise zu bestimmen sind. Alsdann ergibt sich mit Hilfe der bekannten Integrale

$$\oint_0^\pi \frac{\cos\mu\vartheta'}{\cos\vartheta'-\cos\vartheta}\,d\vartheta' = \pi\,\frac{\sin\mu\vartheta}{\sin\vartheta}\;(\mu = 1, 2\cdots) \tag{2, 5}$$

die Beziehung

$$\oint_0^\pi \frac{df_n}{d\vartheta'}\left(\frac{1}{\cos\vartheta'-\cos\vartheta}+K(\vartheta,\vartheta')\right)d\vartheta'$$

$$= \frac{2}{n+1}\sum_{\sigma=1}^{n} f_{\sigma n}\sum_{\mu=1}^{n}\mu\sin\mu\vartheta_\sigma \oint_0^\pi \cos\mu\vartheta'\left(\frac{1}{\cos\vartheta'-\cos\vartheta}+K(\vartheta,\vartheta')\right)d\vartheta'$$

$$= \frac{2\pi}{n+1}\sum_{\sigma=1}^{n} f_{\sigma n}\sum_{\mu=1}^{n}\mu\sin\mu\vartheta_\sigma\left(\frac{\sin\mu\vartheta}{\sin\vartheta}+\frac{1}{\pi}\int_0^\pi K(\vartheta,\vartheta')\cos\mu\vartheta'\,d\vartheta'\right)$$

Hieraus folgt, wenn zur Abkürzung

$$a_\sigma(\vartheta) = \frac{1}{2n+2}\sum_{\mu=1}^{n}\mu\sin\mu\vartheta_\sigma\left(\frac{\sin\mu\vartheta}{\sin\vartheta}+\frac{1}{\pi}\int_0^\pi K(\vartheta,\vartheta')\cos\mu\vartheta'\,d\vartheta'\right) \tag{2, 6}$$

gesetzt wird,

$$\frac{1}{4\pi}\oint_0^{\pi}\frac{df_n}{d\vartheta'}\left(\frac{1}{\cos\vartheta'-\cos\vartheta}+K(\vartheta,\vartheta')\right)d\vartheta' = \sum_{\sigma=1}^{n} a_\sigma(\nu) f_{\sigma n}. \tag{2, 7}$$

Um nun zu einem linearen Gleichungssystem für die unbekannten Funktionswerte $f_{\sigma n}$ zu gelangen, fordern wir die Gültigkeit der Integrodifferentialgleichungen (2, 1) und (2, 2) nur an den n Stellen $\vartheta_\sigma = \frac{\sigma\pi}{n+1}$ $(0 = 1, 2, \ldots, n)$ und erhalten durch Einführung von (2, 6) in (2, 1) bzw. (2, 2) die Gleichungssysteme n-ter Ordnung

$$\sum_{\sigma=1}^{n} a_\sigma(\vartheta_m) f_{\sigma n} = g_m \tag{2, 8}$$

bzw.

$$\frac{1}{h_m} f_{mn} + \sum_{\sigma=1}^{n} a_\sigma(\vartheta_m) f_{\sigma n} = g_m \quad (m = 1, 2, \cdots, n) \tag{2, 9}$$

mit

$$g_m = g(\vartheta_m) \quad \text{und} \quad h_m = h(\vartheta_m).$$

Dabei entfällt der Hauptanteil der Rechenarbeit, die für die Koeffizienten $a_\sigma(\vartheta_m)$ aufgewandt werden muß, auf die Auswertung der Integrale

$$K_\mu(\vartheta) = \frac{2}{\pi}\int_0^{\pi} K(\vartheta, \vartheta') \cos\mu\vartheta'\, d\vartheta' \quad (\mu = 1, 2, \cdots, n). \tag{2, 11}$$

Das wesentliche Ergebnis der numerischen Erprobung dieser Methode an dem in [16c], [16d] behandelten Problem besteht auch bei verwickelt gebautem Zusatzkern in einer überwiegenden Hauptdiagonale der beiden Gleichungssysteme (2, 1) bzw. (2, 2), was bei genügend hoher Ordnungszahl n eine rasche und sichere Berechnung einer guten Näherungslösung ermöglicht. Trotzdem stellt das oben geschilderte Verfahren zunächst lediglich ein heuristisches Rechenrezept dar. Als eine zuverlässige mathematische Methode kann es erst dann gelten, wenn sich durch ein einfaches Kriterium sowohl die eindeutige Lösbarkeit der Integrodifferentialgleichungen (2, 1) und (2, 2) als auch die gleichmäßige Konvergenz der Näherungslösungen (2, 3) gegen die gesuchte Funktion $f(\vartheta)$ beurteilen läßt.

3. In der Literatur sind bereits notwendige und hinreichende Bedingungen für die Lösbarkeit der mit (1, 1) gleichwertigen Integralgleichung 1. Art

$$\frac{1}{2\pi}\oint_a^b \varphi(x')\left\{\frac{1}{x-x'}+K(x,x')\right\}dx' = g(x) \qquad (3,1)$$

vorhanden. G. GIRAUD [4a], [4b], [4c], und W. POGORZELSKI [11a], [11b] haben solche Bedingungen durch Zurückführung von (3, 1) auf eine FREDHOLMsche Integralgleichung 2. Art gefunden[3]), während W. SCHMEIDLER [13c] zu diesem Zweck die mit (3, 1) „orthogonal-äquivalente" Klasse unendlicher Gleichungssysteme mit beschränkter Koeffizientenmatrix herangezogen hat. Da jedoch diese Bedingungen für die Lösbarkeit von (3, 1) numerisch keineswegs leicht zu entscheiden sind, wird in der vorliegenden Untersuchung darauf verzichtet, die Methoden der soeben genannten Verfasser auf die Integrodifferentialgleichung (1, 2) zu übertragen, falls dieser Weg überhaupt gangbar ist. Statt dessen wird in der vorliegenden Abhandlung ein einfaches hinreichendes Kriterium für die eindeutige Lösbarkeit von (2, 1) und (2, 2) hergeleitet, dessen Entscheidung nicht mehr Rechenaufwand erfordert, als zur Herstellung einer guten Näherungslösung aus den Gleichungssystemen (2, 8) bzw. (2, 9) benötigt wird, wenn die numerischen Werte ihrer Koeffizienten bereits bekannt sind. Auf die Frage, ob dieses Kriterium auch für die gleichmäßige Konvergenz der Näherungslösungen (2, 3) gegen die gesuchte Funktion $f(\vartheta)$ hinreichend ist oder durch zusätzliche Bedingungen ergänzt werden muß, soll später in einer neuen Untersuchung eingegangen werden.

4. Nunmehr wollen wir über die Vorgaben $g(\vartheta)$, $h(\vartheta)$ und $K(\vartheta, \vartheta')$ zur Präzisierung der Problemstellung folgende Voraussetzungen machen.

---

[3]) Vgl. hierzu auch die Arbeit [9] von F. NOETHER.

Die Funktionen $g(\vartheta)$ und $h(\vartheta)$ seien im Intervall $0 < \vartheta < \pi$ mit Ausnahme der endlich vielen Stellen $\vartheta^{(j)}$ $(j = 1, 2, \ldots, n)$ stetig und im Intervall $0 \leqq \vartheta \leqq \pi$ beschränkt, also

$$|g(\vartheta)| \leqq g_0, \quad |h(\vartheta)| \leqq h_0 \quad \text{für} \quad 0 \leqq \vartheta \leqq \pi. \tag{4, 1}$$

Daher sind beide Funktionen dort im RIEMANNschen Sinne integrierbar; ferner sei

$$\frac{h(\vartheta)}{\sin\vartheta} \geqq h_1 > 0 \quad \text{für} \quad 0 \leqq \vartheta \leqq \pi. \tag{4, 2}$$

Schließlich gelte für $g(\vartheta)$ und $h(\vartheta)$ in jedem abgeschlossenen Stetigkeitsintervall, d. h. in jedem abgeschlossenen Intervall $\Theta_1 \leqq \vartheta \leqq \Theta_2$, das keine Unstetigkeitsstellen $\vartheta^{(j)}$ $(j = 1, 2, \ldots, n)$ von $g(\vartheta)$ oder $h(\vartheta)$ und auch keinen der Intervallendpunkte $\vartheta = 0$ und $\vartheta = \pi$ enthält, gleichmäßig je eine H-Bedingung

$$|g(\vartheta + t) - g(\vartheta)| \leqq A_1 |t|^\alpha \; (0 < \alpha < 1, |t| \leqq \delta_1) \tag{4, 3}$$

bzw.

$$|h(\vartheta + t) - h(\vartheta)| \leqq B_1 |t|^\alpha \; (0 < \alpha < 1, |t| \leqq \delta_2), \tag{4, 4}$$

wobei die Konstanten A_1, B_1, δ_1 und δ_2 von Intervall zu Intervall verschieden sein dürfen. Vom Zusatzkern $K(\vartheta, \vartheta')$ verlangen wir, daß er im Grundbereich

$$0 \leqq \vartheta \leqq \pi, \quad 0 \leqq \vartheta' \leqq \pi \tag{4, 5}$$

quadratisch integrierbar ist und dort gleichmäßig der Bedingung

$$\int_0^\pi \{K(\vartheta + t, \vartheta') - K(\vartheta, \vartheta')\}^2 \, d\vartheta' \leqq C_1 |t|^{2\alpha} \; (0 < \alpha < 1, |t| \leqq \delta_3) \tag{4, 6}$$

genügt, was auf eine verschärfte mittlere Stetigkeit in bezug auf ϑ hinausläuft. Über die partiellen Ableitungen 1. Ordnung des Zusatzkerns wird absichtlich nichts vorausgesetzt, da sie längs der Hauptdiagonale des Grundbereichs gewöhnlich nicht existieren.

5. Die beiden Integrodifferentialgleichungen (2, 1) und (2, 2) fassen wir als Sonderfälle der allgemeineren Gleichung

$$\gamma_0 f(\vartheta) = h(\vartheta) \left\{ g(\vartheta) - \frac{1}{4\pi} \oint_0^\pi \frac{df}{d\vartheta'} \left(\frac{1}{\cos\vartheta' - \cos\vartheta} + K(\vartheta, \vartheta') \right) d\vartheta' \right\} \tag{5, 1}$$

mit

$$\gamma_0 \geqq 0 \tag{5, 2}$$

auf und formulieren unsere Problemstellung folgendermaßen:

Problem I: Gesucht sind alle Lösungen $f(\vartheta)$ von (5, 1) mit folgenden Eigenschaften:

a) Die Funktion $f(\vartheta)$ soll im Intervall $0 \leqq \vartheta \leqq \pi$ stetig sein und in den Intervallendpunkten verschwinden.

b) Ihre Ableitung $\frac{df}{d\vartheta}$ soll im Intervall $0 \leqq \vartheta \leqq \pi$ quadratisch integrierbar sein und in jedem abgeschlossenen Stetigkeitsintervall $\Theta_1 \leqq \vartheta \leqq \Theta_2$ von $g(\vartheta)$ und $h(\vartheta)$ gleichmäßig eine H-Bedingung

$$\left| \frac{d}{d\vartheta} f(\vartheta + t) - \frac{d}{d\vartheta} f(\vartheta) \right| \leqq D_1 |t|^\alpha \; (0 < \alpha < 1, |t| \leqq \delta_4) \tag{5, 3}$$

erfüllen.

Wegen (5, 3) konvergiert dann das Integral

$$\oint_0^\pi \frac{df}{d\vartheta'} \frac{d\vartheta'}{\cos\vartheta' - \cos\vartheta} \tag{5, 4}$$

in jedem abgeschlossenen Stetigkeitsintervall $\Theta_1 \leqq \vartheta \leqq \Theta_2$ von $g(\vartheta)$ und $h(\vartheta)$ gleichmäßig und sein Produkt mit $\sin\vartheta$ ist, wie aus (4, 2) und (5, 1) hervorgeht, im Intervall $0 \leqq \vartheta \leqq \pi$ beschränkt, also

$$\left| \frac{1}{4\pi} \oint_0^\pi \frac{df}{d\vartheta'} \frac{d\vartheta'}{\cos\vartheta' - \cos\vartheta} \sin\vartheta \right| \leqq E_1 . \tag{5, 5}$$

Auf den Gebrauch des Lebesgueschen Integralbegriffs wurde ganz verzichtet, um nicht die Unbestimmtheit der Lösung in einer unbekannten Ausnahmemenge vom Maße Null in Kauf nehmen zu müssen, was besonders bei Anwendungen aus der Physik neue Überlegungen nötig machen würde.

6. Das Ergebnis der vorliegenden Untersuchung läßt sich folgendermaßen aussprechen: Wird mit K_0 die obere Grenze der im Intervall $0 \leqq \vartheta \leqq \pi$ beschränkten Funktion

$$2 \int_0^\pi K^2(\vartheta, \vartheta') \, d\vartheta' \tag{6, 1}$$

bezeichnet, so ist für die eindeutige Lösbarkeit des Problems I die Bedingung

$$K_0 < \frac{h_1}{h_0}\pi^2 \tag{6, 2}$$

hinreichend, wobei die Konstanten h_0 und h_1 gemäß den Voraussetzungen (4, 1) und (4, 2) durch die für $0 < \vartheta < \pi$ gültige Ungleichung

$$0 < h_1 \sin\vartheta \leqq h(\vartheta) \leqq h_0 \tag{6, 3}$$

miteinander verknüpft sind (vgl. Abb. 1). Hat man das Integral (6, 1) mit einer der bekannten Quadraturformeln der numeri-

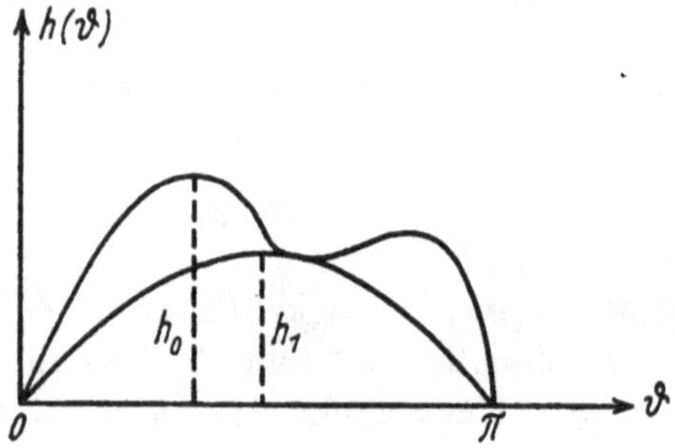

Abb. 1.

schen Integration berechnet, so läßt sich das Ergebnis mit Hilfe der Beziehung

$$\frac{2}{\pi}\int_0^\pi K^2(\vartheta, \vartheta')\, d\vartheta' = \frac{1}{2} K_0^2(\vartheta) + \sum_{\mu=1}^{\infty} K_\mu^2(\vartheta) \tag{6, 4}$$

kontrollieren, wobei die auf der rechten Seite stehenden Funktionen $K_\mu(\vartheta)$ durch die Integrale (2, 11) erklärt sind und, wie früher bereits gesagt, zur Berechnung der Koeffizienten $a_\sigma(\vartheta_m)$ in (2,8) und (2, 9) sowieso ermittelt werden müssen.

2. Über einige Eigenschaften des Poissonschen Integrals

7. L. LICHTENSTEIN hat in einer bekannten Arbeit [6a] eingehend das Verhalten der partiellen Ableitungen 1. Ordnung des POISSONschen Integrals bei Annäherung an den Rand untersucht, wenn die auf dem Rande des Einheitskreises der r, ϑ-Ebene vorgegebene Funktion $F(\vartheta)$ stetig ist und ihre Ableitung $F'(\vartheta)$ gewisse Forderungen der LEBESGUEschen Integrationstheorie erfüllt. In diesem Abschnitt werden einige wesentliche Eigenschaften des POISSONschen Integrals zusammengestellt, die auch im Rahmen des RIEMANNschen Integralsbegriffs erhalten bleiben, wenn die Ableitung $F'(\vartheta)$ der Randwerte etwas schärferen Voraussetzungen als bei LICHTENSTEIN genügt. Da in den folgenden Abschnitten mit Rücksicht auf die vorhandene Literatur stets das Außengebiet des Einheitskreises der r, ϑ-Ebene betrachtet wird, werden die oben erwähnten Eigenschaften des POISSONschen Integrals ebenfalls für das Außengebiet formuliert.

Hilfssatz 1: Es sei $F(\vartheta)$ eine auf dem Rande des Einheitskreises der r, ϑ-Ebene durchweg stetige Ortsfunktion, deren Ableitung $F'(\vartheta)$ längs $r = 1$ quadratisch integrierbar ist und in jedem abgeschlossenen Teilintervall $\Theta_1 \leqq \vartheta \leqq \Theta_2$, das keine der endlich vielen Unendlichkeitsstellen $\vartheta^{(j)}$ $(j = 1, 2, \ldots, n)$ von $F'(\vartheta)$ enthält, gleichmäßig eine H-Bedingung

$$|F'(\vartheta+t)-F'(\vartheta)| \leqq D_1 |t|^{\alpha}, \quad (0<\alpha<1, |t| \leqq \delta_1 < \frac{|\Theta_1-\Theta_2|}{2} < \pi) \qquad (7,1)$$

erfüllt. Dann konvergiert die Tangentialableitung der im Gebiet $r < 1$ regulären Potentialfunktion

$$\varphi(r,\vartheta) = \frac{1}{2\pi}\int_{-\pi}^{\pi} F(\vartheta') \frac{r^2-1}{1+r^2-2r\cos(\vartheta'-\vartheta)}\, d\vartheta' \qquad (7,2)$$

an allen Stellen $\vartheta \neq \vartheta^{(j)}$ gegen die Randwerte

$$\left[\frac{\partial}{\partial\vartheta}\varphi(r,\vartheta)\right] = F'(\vartheta) \qquad (7,3)$$

und die Normalableitung an allen Stellen $\vartheta \neq \vartheta^{(j)}$ gegen die Randwerte

$$\left[\frac{\partial}{\partial r}\varphi(r,\vartheta)\right] = \frac{1}{2\pi}\int\limits_0^{\pi}\{F'(\vartheta+\vartheta') - F'(\vartheta-\vartheta')\}\operatorname{cotg}\frac{\vartheta'}{2}\,d\vartheta' \quad (7,4)$$

und zwar in beiden Fällen für alle ϑ des Intervalls $\Theta_1 + \delta_2 \leqq \vartheta \leqq \Theta_2 - \delta_2$ mit $\delta_2 < \delta_1$ gleichmäßig. Wird ferner

$$\frac{1}{\pi}\int\limits_{-\pi}^{\pi}(F'(\vartheta))^2\,d\vartheta = D_2 \quad (7,5)$$

gesetzt, so genügen die im Gebiet $r > 1$ regulären Potentialfunktionen $r\frac{\partial}{\partial r}\varphi(r,\vartheta)$ und $\frac{\partial}{\partial\vartheta}\varphi(r,\vartheta)$ gleichmäßig für alle ϑ des Intervalls $\Theta_1 + \delta_2 \leqq \vartheta \leqq \Theta_2 - \delta_2$ und alle $r \geqq 1$ den H-Bedingungen

$$\left.\begin{array}{l} \left|r\frac{\partial}{\partial r}\varphi(r,\vartheta+t) - r\frac{\partial}{\partial r}\varphi(r,\vartheta)\right| \leqq \{d_1 D_1 + d_2 D_2\}\,|t|^\alpha \\ \left|\frac{\partial}{\partial\vartheta}\varphi(r,\vartheta+t) - \frac{\partial}{\partial\vartheta}\varphi(r,\vartheta)\right| \leqq \{d_3 D_1 + d_4 D_2\}\,|t|^\alpha, \\ \qquad (0 < \alpha < 1,\ |t| \leqq \delta_2 < \delta_1) \end{array}\right\} \quad (7,6)$$

wobei die Konstanten D_1, α und δ_1 dieselben wie in der Beziehung (7, 1) sind und die Konstanten d_1, d_2, d_3, d_4 nur von α und δ_1 abhängen. Schließlich gilt längs $r = 1$

$$\frac{1}{\pi}\int\limits_{-\pi}^{\pi}\left[\frac{\partial}{\partial\vartheta}\varphi(r,\vartheta)\right]^2 d\vartheta = \frac{1}{\pi}\int\limits_{-\pi}^{\pi}\left[\frac{\partial}{\partial r}\varphi(r,\vartheta)\right]^2 d\vartheta = D_2. \quad (7,7)$$

Beweis: Aus der POISSONschen Integraldarstellung (7, 2) folgt im Gebiet $r > 1$ bekanntlich

$$\frac{\partial}{\partial\vartheta}\varphi(r,\vartheta) = \frac{1}{2\pi}\int\limits_{-\pi}^{\pi}\frac{dF}{d\vartheta'}\,\frac{r^2-1}{1+r^2-2r\cos(\vartheta-\vartheta')}\,d\vartheta' \quad (7,8)$$

sowie für die zu $\frac{\partial}{\partial\vartheta}\varphi(r,\vartheta)$ konjugierte Potentialfunktion $r\frac{\partial}{\partial r}\varphi(r,\vartheta)$ die entsprechende Beziehung

$$r\frac{\partial}{\partial r}\varphi(r,\vartheta) = \frac{1}{\pi}\int\limits_{-\pi}^{\pi}\frac{dF}{d\vartheta'}\,\frac{r\sin(\vartheta-\vartheta')}{1+r^2-2r\cos(\vartheta-\vartheta')}\,d\vartheta'. \quad (7,9)$$

Da $F'(\vartheta)$ wegen (7, 1) für alle $\vartheta \neq \vartheta^{(j)}$ stetig ist, erfolgt die Annäherung der Funktion $\frac{\partial}{\partial \vartheta}\varphi(r, \vartheta)$ an ihre Randwerte $F'(\vartheta)$ in jedem abgeschlossenen Stetigkeitsintervall $\Theta_1 \leqq \vartheta \leqq \Theta_2$ von $F'(\vartheta)$ gleichmäßig. Für die Potentialfunktion $r\frac{\partial}{\partial r}\varphi(r, \vartheta)$ gilt gemäß einem von L. LICHTENSTEIN ([6a], S. 27–28) verschärften Satz von P. FATOU an allen Stellen $\vartheta \neq \vartheta^{(j)}$, 0 und π

$$\lim_{r\to 1}\Big\{r\frac{\partial}{\partial r}\varphi(r,\vartheta) - \frac{1}{2\pi}\int_{\omega(r)}^{\pi}\big(F'(\vartheta+\vartheta') - F'(\vartheta-\vartheta')\big)\operatorname{cotg}\frac{\vartheta'}{2}\,d\vartheta'\Big\} = 0, \quad (7,10)$$

wobei $\omega(r) = \arcsin(r-1)$ mit $0 < \omega(r) < \frac{\pi}{2}$ gesetzt worden ist. Obwohl dem LICHTENSTEINschen Satz der LEBESGUEsche Integralbegriff zugrunde liegt, so erkennt man aus der völlig elementaren Beweisführung bei LICHTENSTEIN, daß die Beziehung (7, 10) auch bestehen bleibt, wenn im vorliegenden Falle $F'(\vartheta)$ im Intervall $-\pi \leqq \vartheta \leqq \pi$ im RIEMANNschen Sinne absolut integrierbar und an der Stelle ϑ stetig ist. Verhält sich überdies $F'(\vartheta)$ im offenen Intervall $\Theta_1 < \vartheta < \Theta_2$ stetig, so konvergiert der in der geschweiften Klammer von (7, 10) stehende Ausdruck mit $r \to 1$ für alle ϑ des kleineren Intervalls $\Theta_1 + \delta_2 \leqq \vartheta \leqq \Theta_2 - \delta_2$ sogar gleichmäßig gegen Null[4]). Werden die beiden Stellen Θ_1 und Θ_2 derart gewählt,

---

[4]) Der hier benutzte Sonderfall des LICHTENSTEINschen Satzes läßt sich für das Innengebiet des Kreises vom Radius R um den Ursprung der r, Θ-Ebene folgendermaßen formulieren:

Es sei $f(\Theta)$ eine im Intervall $0 \leqq \Theta \leqq 2\pi$ nicht notwendig beschränkte, im RIEMANNschen Sinne absolut integrierbare Funktion, die an jeder Stelle Θ des offenen Intervalls $\Theta_1 < \Theta < \Theta_2$ stetig ist. Dann gilt für die zu

$$u(r, \Theta) = \frac{1}{2\pi}\int_{-\pi}^{\pi}\frac{R^2 - r^2}{R^2 + r^2 - 2Rr\cos(\vartheta - \Theta)}f(\vartheta)\,d\vartheta$$

konjugierte, im Kreisgebiet $r < R$ der r, Θ-Ebene reguläre Potentialfunktion

$$v(r, \Theta) = -\frac{1}{\pi}\int_{-\pi}^{\pi}\frac{Rr\sin(\vartheta - \Theta)}{R^2 + r^2 - 2Rr\cos(\vartheta - \Theta)}f(\vartheta)\,d\vartheta$$

daß im Intervall $\Theta_1 \leqq \vartheta \leqq \Theta_2$ keine der Stellen $\vartheta^{(j)}$ gelegen ist, so ergibt sich wegen (7, 1) gleichmäßig für alle ϑ des kleineren Intervalls $\Theta_1 + \delta_2 \leqq \vartheta \leqq \Theta_2 - \delta_2$ die Beziehung

$$\left.\begin{aligned} &\lim_{r\to 1}\int_{\omega(r)}^{\pi}\big(F'(\vartheta+\vartheta') - F'(\vartheta-\vartheta')\big)\operatorname{cotg}\frac{\vartheta'}{2}\,d\vartheta' \\ &= \int_{0}^{\pi}\big(F'(\vartheta+\vartheta') - F'(\vartheta-\vartheta')\big)\operatorname{cotg}\frac{\vartheta'}{2}\,d\vartheta'. \end{aligned}\right\} \quad (7, 11)$$

Hieraus und aus (7, 10) folgt dann

$$\left[\frac{\partial}{\partial r}\varphi(r,\vartheta)\right] = \frac{1}{2\pi}\int_{0}^{\pi}\big(F'(\vartheta+\vartheta') - F'(\vartheta-\vartheta')\big)\operatorname{cotg}\frac{\vartheta'}{2}\,d\vartheta', \quad (7, 12)$$

und zwar konvergiert die im Gebiet $r > 1$ reguläre Potentialfunktion $r\frac{\partial}{\partial r}\varphi(r, \vartheta)$ für alle ϑ des Intervalls $\Theta_1 + \delta_2 \leqq \vartheta \leqq \Theta_2 - \delta_2$ gleichmäßig gegen ihre Randwerte. Zugleich ist damit die Gültigkeit von (7, 12) für alle $\vartheta \neq \vartheta^{(j)}$ gezeigt. Die beiden H-Bedingungen (7, 6) liefert unmittelbar ein an anderer Stelle bewiesener Hilfssatz ([16b]).

Um nun die quadratische Integrierbarkeit der Randwerte $\left[\frac{\partial}{\partial r}\varphi(r, \vartheta)\right]$ im Intervall $-\pi \leqq \vartheta \leqq \pi$ nachzuweisen, denke man sich alle Unstetigkeitsstellen $\vartheta^{(j)}$ von $F'(\vartheta)$ in hinreichend kleine Intervalle $\vartheta^{(j)} - \delta \leqq \vartheta \leqq \vartheta^{(j)} + \delta$ eingeschlossen und die Achse $\vartheta = 0$ des r, ϑ-Systems so gewählt, daß $\vartheta^{(1)} = -\pi$ wird. Wird außerdem $\vartheta^{(n+1)} = \pi$ gesetzt, so gilt zunächst für jedes genügend kleine positive δ

---

gleichmäßig für alle Θ des abgeschlossenen Intervalls $\Theta_1 + \delta \leqq \Theta \leqq \Theta_2 - \delta$ die Beziehung

$$\lim_{r\to R}\left\{v(r,\Theta) + \frac{1}{2\pi}\int_{\omega(r)}^{\pi}\big(f(\Theta+t) - f(\Theta-t)\big)\operatorname{cotg}\frac{t}{2}\,dt\right\} + 0 \qquad (r < R)$$

mit $\omega(r) = \arcsin\frac{R-r}{R}$ und $0 < \omega(r) < \frac{\pi}{2}$.

$$\frac{1}{\pi}\sum_{j=1}^{n}\int_{\vartheta^{(j)}+\delta}^{\vartheta^{(j+1)}-\delta}\left(r\frac{\partial}{\partial r}\varphi(r,\vartheta)\right)^2 d\vartheta \leqq \frac{1}{\pi}\int_{-\pi}^{\pi}\left(r\frac{\partial}{\partial r}\varphi(r,\vartheta)\right)^2 d\vartheta \leqq \int_{-\pi}^{\pi}(F'(\vartheta))^2 d\vartheta$$

Hieraus folgt, da die Potentialfunktion $r\frac{\partial}{\partial r}\varphi(r,\vartheta)$ in den Intervallen $\vartheta^{(j)}+\delta \leqq \vartheta \leqq \vartheta^{(j+1)}-\delta$ gleichmäßig gegen ihre Randwerte konvergiert,

$$\frac{1}{\pi}\sum_{j=1}^{n}\int_{\vartheta^{(j)}+\delta}^{\vartheta^{(j+1)}-\delta}\left[\frac{\partial}{\partial r}\varphi(r,\vartheta)\right]^2 d\vartheta \leqq \frac{1}{\pi}\int_{-\pi}^{\pi}(F'(\vartheta))^2 d\vartheta .$$

Nunmehr braucht man nur noch den Grenzübergang $\delta \to 0$ zu vollziehen, um die Abschätzung

$$\frac{1}{\pi}\int_{-\pi}^{\pi}\left[\frac{\partial}{\partial r}\varphi(r,\vartheta)\right]^2 d\vartheta \leqq \frac{1}{\pi}\int_{-\pi}^{\pi}(F'(\vartheta))^2 d\vartheta \tag{7,13}$$

zu erhalten.

Zum Nachweis der Gleichung (7, 7) werden die zwischen den Fourierkoeffizienten

$$\left.\begin{aligned} A_\nu(r) &= \frac{1}{\pi}\int_{-\pi}^{\pi}\left(r\frac{\partial}{\partial r}\varphi(r,\vartheta)\right)\cos\nu\vartheta\, d\vartheta, \\ B_\nu(r) &= \frac{1}{\pi}\int_{-\pi}^{\pi}\left(r\frac{\partial}{\partial r}\varphi(r,\vartheta)\right)\sin\nu\vartheta\, d\vartheta \end{aligned}\right\} \tag{7, 14}$$

und den wegen (7, 13) gewiß vorhandenen Fourierkoeffizienten

$$\left.\begin{aligned} A_\nu &= \frac{1}{\pi}\int_{-\pi}^{\pi}\left[\frac{\partial}{\partial r}\varphi(r,\vartheta)\right]\cos\nu\vartheta\, d\vartheta, \\ B_\nu &= \frac{1}{\pi}\int_{-\pi}^{\pi}\left[\frac{\partial}{\partial r}\varphi(r,\vartheta)\right]\sin\nu\vartheta\, d\vartheta \end{aligned}\right\} \tag{7, 15}$$

bestehenden Grenzwertbeziehungen

$$\lim_{r\to 1} A_\nu(r) = A_\nu, \quad \lim_{r\to 1} B_\nu(r) = B_\nu \tag{7, 16}$$

benötigt. Zu ihrer Herleitung denke man sich wie zuvor die Unstetigkeitsstellen $\vartheta^{(j)}$ von $F'(\vartheta)$ in hinreichend kleine Intervalle $\vartheta^{(j)} - \delta \leqq \vartheta \leqq \vartheta^{(j)} + \delta$ eingeschlossen und die Achse $\vartheta = 0$ des r, ϑ-Systems wieder so gewählt, daß $\vartheta^{(1)} = -\vartheta$ wird. Setzt man noch zur Abkürzung

$$\vartheta^{(n+1)} = \pi \quad \text{und} \quad \varrho(r,\vartheta) = \left[\frac{\partial}{\partial r}\varphi(r,\vartheta)\right] - r\frac{\partial}{\partial r}\varphi(r,\vartheta),$$

so erhält man aus (7, 14) und (7, 15)

$$\begin{aligned}
|A_\nu(r) - A_\nu| &\leqq \frac{1}{\pi}\int_{-\pi}^{\pi} |\varrho(r,\vartheta|\,|\cos\nu\vartheta|\,d\vartheta \\
&\leqq \frac{1}{\pi}\int_{-\pi}^{-\pi+\delta} |\varrho(r,\vartheta)|\,|\cos\nu\vartheta|\,d\vartheta + \frac{1}{\pi}\sum_{j=2}^{n}\int_{\vartheta^{(j)}-\delta}^{\vartheta^{(j)}+\delta} |\varrho(r,\vartheta)|\,|\cos\nu\vartheta|\,d\vartheta \\
&+ \frac{1}{\pi}\sum_{j=1}^{n}\int_{\vartheta^{(j)}+\delta}^{\vartheta^{(j+1)}-\delta} |\varrho(r,\vartheta)|\,|\cos\nu\vartheta|\,d\vartheta + \frac{1}{\pi}\int_{\pi-\delta}^{\pi} |\varrho(r,\vartheta)|\,|\cos\nu\vartheta|\,d\vartheta \\
&\leqq \frac{1}{\pi}\left\{\int_0^{\delta} \varrho^2(r,\vartheta)\,d\vartheta\right\}^{\frac{1}{2}}\left\{\int_0^{\delta} \cos^2\nu\vartheta\,d\vartheta\right\}^{\frac{1}{2}} \\
&+ \frac{1}{\pi}\sum_{j=2}^{n}\left\{\int_{\vartheta^{(j)}-\delta}^{\vartheta^{(j)}+\delta} \varrho^2(r,\vartheta)\,d\vartheta\right\}^{\frac{1}{2}}\left\{\int_{\vartheta^{(j)}-\delta}^{\vartheta^{(j)}+\delta} \cos^2\nu\vartheta\,d\vartheta\right\}^{\frac{1}{2}} \\
&+ \frac{1}{\pi}\sum_{j=1}^{n}\int_{\vartheta^{(j)}+\delta}^{\vartheta^{(j+1)}-\delta} |\varrho(r,\vartheta)|\,d\vartheta \\
&+ \frac{1}{\pi}\left\{\int_{\pi-\delta}^{\pi} \varrho^2(r,\vartheta)\,d\vartheta\right\}^{\frac{1}{2}}\left\{\int_{\pi-\delta}^{\pi} \cos^2\nu\vartheta\,d\vartheta\right\}^{\frac{1}{2}} \\
&\leqq \frac{1}{\pi}\left\{\int_{-\pi}^{\pi} \varrho^2(r,\vartheta)\,d\vartheta\right\}^{\frac{1}{2}}\left\{2\sqrt{\delta} + (n-1)\sqrt{2\delta}\right\} \\
&+ \frac{1}{\pi}\sum_{j=1}^{n}\int_{\vartheta^{(j)}+\delta}^{\vartheta^{(j+1)}-\delta} |\varrho(r,\vartheta)|\,d\vartheta.
\end{aligned}$$

Hieraus ergibt sich wegen

$$\frac{1}{\pi}\int_{-\pi}^{\pi} \varrho^2(r,\vartheta)\,d\vartheta \leqq \frac{2}{\pi}\left\{\int_{-\pi}^{\pi}\left[\frac{\partial}{\partial r}\varphi(r,\vartheta)\right]^2 d\vartheta + \int_{-\pi}^{\pi}\left(r\frac{\partial}{\partial r}\varphi(r,\vartheta)\right)^2 d\vartheta\right\}$$
$$\leqq \frac{4}{\pi}\int_{-\pi}^{\pi}(F'(\vartheta))^2\,d\vartheta$$

die Abschätzung

$$\left.\begin{aligned} |A_\nu(r) - A_\nu| \leqq \frac{2}{\pi}\left\{\int_{-\pi}^{\pi}(F'(\vartheta))^2\,d\vartheta\right\}^{\frac{1}{2}}\left\{2\sqrt{\delta} + (n-1)\sqrt{2\delta}\right\} \\ + \frac{1}{\pi}\sum_{j=1}^{n}\int_{\vartheta^{(j)}+\delta}^{\vartheta^{(j+1)}-\delta}|\varrho(r,\vartheta)|\,d\vartheta \end{aligned}\right\} \quad (7,17)$$

Bedeutet nun ε eine beliebig kleine positive Zahl, so läßt sich zunächst δ so klein wählen, daß

$$\frac{2}{\pi}\left\{\int_{-\pi}^{\pi}(F'(\vartheta))^2\,d\vartheta\right\}^{\frac{1}{2}}\left\{2\sqrt{\delta} + (n-1)\sqrt{2\delta}\right\} < \frac{\varepsilon}{2} \quad (7,18)$$

wird. Da die Potentialfunktion $r\frac{\partial}{\partial r}\varphi(r,\vartheta)$, wie bereits gezeigt wurde, in den Intervallen $\vartheta^{(j)} + \delta \leqq \vartheta \leqq \vartheta^{(j)} - \delta$ gleichmäßig gegen ihre Randwerte, mithin $\varrho(r,\vartheta)$ mit $r \to 1$ gleichmäßig gegen Null konvergiert, läßt sich bei festgehaltenem δ der Wert r so nahe an 1 wählen, daß

$$\frac{1}{\pi}\sum_{j=1}^{n}\int_{\vartheta^{(j)}+\delta}^{\vartheta^{(j+1)}-\delta}|\varrho(r,\vartheta)|\,d\vartheta < \frac{\varepsilon}{2} \quad (7,19)$$

ausfällt. Aus (7, 17) bis (7, 19) erkennt man unmittelbar die Gültigkeit von (7, 16). Ferner liefert die bekannte Reihenentwicklung

$$\varphi(r,\vartheta) = \frac{a_0}{2} + \sum_{\nu=1}^{\infty}\frac{1}{r^\nu}(a_\nu\cos\nu\vartheta + b_\nu\sin\nu\vartheta)$$

mit

$$a_\nu = \frac{1}{\pi}\int_{-\pi}^{\pi}F(\vartheta')\cos\nu\vartheta'\,d\vartheta', \quad b_\nu = \frac{1}{\pi}\int_{-\pi}^{\pi}F(\vartheta')\sin\nu\vartheta'\,d\vartheta'$$

zunächst die Beziehungen

$$A_\nu(r) = -\frac{\nu a_\nu}{r^\nu}, \quad B_\nu = -\frac{\nu b_\nu}{r^\nu},$$

die in (7, 16) eingeführt die Gleichungen

$$A_\nu = -\nu a_\nu, \quad B_\nu = -\nu b_\nu \tag{7, 20}$$

zur Folge haben. Mit Hilfe von (7, 20) gelangt man von der PARSEVALschen Formel

$$\frac{1}{\pi}\int_{-\pi}^{\pi} (F'(\vartheta))^2 \, d\vartheta = \sum_{\nu=1}^{\infty} (\nu^2 a_\nu^2 + \nu^2 b_\nu^2)$$

mühelos zur behaupteten Gleichung (7, 7).

Zusatz zu Hilfssatz 1: Ist die im Hilfssatz 1 vorgegebene Ortsfunktion $F(\vartheta)$ ungerade, so läßt sich nach einer Bemerkung von J. WEISSINGER (vgl. [19a], S. 25–26) die Beziehung (7, 4) für alle $\vartheta \neq \vartheta^{(j)}$, 0 und π auch in der Form

$$\left[\frac{\partial}{\partial r}\varphi(r,\vartheta)\right] = -\frac{\sin\vartheta}{\pi}\oint_0^{\pi}\frac{dF}{d\vartheta'}\,\frac{d\vartheta'}{\cos\vartheta' - \cos\vartheta} \tag{7, 21}$$

schreiben.

8. Hilfssatz 2: Die im Gebiet $r < 1$ reguläre Potentialfunktion $\varphi(r, \vartheta)$ möge längs $r = 1$ durchweg stetige Randwerte $F(\vartheta) = [\varphi(r, \vartheta)]$ besitzen. Die im Gebiet $r > 1$ gleichfalls reguläre Potentialfunktion $r\frac{\partial}{\partial r}\varphi(r, \vartheta)$ sei dort überall beschränkt, also

$$\left| r\frac{\partial}{\partial r}\varphi(r,\vartheta)\right| \leqq D_3 \tag{8, 1}$$

und im abgeschlossenen Bereich $r \geqq 1$ mit Ausnahme von endlich vielen Randpunkten $(1, \vartheta^{(j)})$ $(j = 1, 2, \ldots, n)$ stetig. Außerdem mögen ihre Randwerte $\left[\frac{\partial}{\partial r}\varphi(r, \vartheta)\right]$ in jedem abgeschlossenen Teilintervall $\Theta_1 \leqq \vartheta \leqq \Theta_2$, das keine der Stellen $\vartheta^{(j)}$ enthält, gleichmäßig eine H-Bedingung

$$\left.\begin{array}{c}\left|\left[\frac{\partial}{\partial r}\varphi(r,\vartheta+t)\right] - \left[\frac{\partial}{\partial r}\varphi(r,\vartheta)\right]\right| \leqq D_4 |t|^\alpha, \\ \left(0 < \alpha < 1, |t| \leqq \delta_2 < \frac{|\Theta_1 - \Theta_2|}{2} < \pi\right)\end{array}\right\} \tag{8, 2}$$

erfüllen. Dann besitzt $\varphi(r, \vartheta)$ alle im Hilfssatz 1 behaupteten Eigenschaften.

Beweis: Da die erste Randwertaufgabe der Potentialtheorie auch dann nur eine beschränkte Lösung zuläßt, wenn die vorgegebenen Randwerte zwar beschränkt, aber in endlich vielen Randpunkten unstetig sind (vgl. [6b], Fußnote 128–130, S. 218), läßt sich die im Gebiet $r < 1$ reguläre Potentialfunktion $r\frac{\partial}{\partial r}\varphi(r,\vartheta)$ durch das POISSONsche Integral

$$r\frac{\partial}{\partial r}\varphi(r,\vartheta) = \frac{1}{2\pi}\int_{-\pi}^{\pi}\left[\frac{\partial}{\partial r}\varphi(r,\vartheta')\right]\frac{r^2-1}{1+r^2-2r\cos(\vartheta'-\vartheta)}\,d\vartheta' \quad (8,3)$$

darstellen. Für die zu $-r\frac{\partial}{\partial r}\varphi(r, \vartheta)$ konjugierte, im Unendlichen verschwindende Potentialfunktion $\frac{\partial}{\partial r}\varphi(r, \vartheta)$ erhält man dann die entsprechende Integraldarstellung

$$\frac{\partial}{\partial\vartheta}\varphi(r,\vartheta) = -\frac{1}{\pi}\int_{-\pi}^{\pi}\left[\frac{\partial}{\partial r}\varphi(r,\vartheta')\right]\frac{r\sin(\vartheta'-\vartheta)}{1+r^2-2r\cos(\vartheta'-\vartheta)}\,d\vartheta'. \quad (8,4)$$

Nach dem in Fußnote 4 angegebenen Sonderfall eines Satzes von L. LICHTENSTEIN konvergiert die Funktion $\frac{\partial}{\partial\vartheta}\varphi(r, \vartheta)$ wegen (8, 2) für alle ϑ des kleineren Intervalls $\Theta_1 + \delta_3 \leqq \vartheta \leqq \Theta_2 - \delta_3$ gleichmäßig gegen ihre Randwerte und genügt zusammen mit $r\frac{\partial}{\partial r}\varphi(r, \vartheta)$ gleichmäßig für alle ϑ dieses Intervalls und alle $r \geqq 1$ nach einem an anderer Stelle bewiesenene bewiesenen Hilfssatz [16b] den H-Bedingungen

$$\left.\begin{aligned}&\left|\frac{\partial}{\partial\vartheta}\varphi(r,\vartheta+t)-\frac{\partial}{\partial\vartheta}\varphi(r,\vartheta)\right| \leqq \{d_5 D_3 + d_6 D_4\}\,|t|^\alpha,\\&\qquad(0<\alpha<1;\ |t|\leqq\delta_3<\delta_2)\\&\left|r\frac{\partial}{\partial r}\varphi(r,\vartheta+t)-r\frac{\partial}{\partial r}\varphi(r,\vartheta)\right| \leqq \{d_7 D_3 + d_8 D_4\}\,|t|^\alpha,\\&\qquad(0<\alpha<1;\ |t|\leqq\delta_3<\delta_2).\end{aligned}\right\} \quad (8,5)$$

Dabei sind die Konstanten D_3, D_4, α und δ_2 dieselben wie in (8, 1) und (8, 2), und die Konstanten d_6, d_7, d_8, d_9 hängen nur von α

und δ_3 ab. Durch Anwendung des ersten Mittelwertsatzes der Differentialrechnung auf die rechte Seite der Gleichung

$$\frac{1}{t}\{F(\vartheta+t)-F(\vartheta)\}=\frac{1}{t}\{[\varphi(r,\vartheta+t)]-\varphi(1+|t|,\vartheta+t)\}$$
$$+\frac{1}{t}\{\varphi(1+|t|,\vartheta+t)-\varphi(1+|t|,\vartheta)\}+\frac{1}{t}\{\varphi(1+|t|,\vartheta)-[\varphi(r,\vartheta)]\}$$

und anschließenden Grenzübergang $t\to 0$ gewinnt man mit Hilfe von (8, 5) zunächst für alle ϑ des Intervalls $\Theta_1+\delta_3\leqq\vartheta\leqq\Theta_2-\delta_3$ und daher für alle $\vartheta\neq\vartheta^{(j)}$ die Beziehung

$$F'(\vartheta)=\frac{\partial}{\partial\vartheta}[\varphi(r,\vartheta)]=\left[\frac{\partial}{\partial\vartheta}\varphi(r,\vartheta)\right]. \tag{8, 6}$$

Schließlich ergibt sich die quadratische Integrierbarkeit dieser Randwerte durch dieselbe Überlegung, mit der im Beweis von Hilfssatz 1 die quadratische Integrierbarkeit der Randwerte $\left[\frac{\partial}{\partial r}\varphi(r,\vartheta)\right]$ nachgewiesen wurde.

9. Im Hinblick auf die vorhandene Literatur über die Darstellbarkeit einer regulären Potentialfunktion durch das Potential einer einfachen Belegung ([6b], S. 244–246) ist auch der folgende Hilfssatz nur von dem Standpunkt aus zu verstehen, den LEBESGUEschen Integralbegriff ganz zu vermeiden.

Hilfssatz 3: Hinreichend dafür, daß sich die im Gebiet $r>1$ reguläre Potentialfunktion $\varphi(r,\vartheta)$ in der Form

$$\left.\begin{aligned}\varphi(r,\vartheta)=-\frac{1}{\pi}\int_{-\pi}^{\pi}\left[\frac{\partial}{\partial r}\varphi(r,\vartheta)\right]\ln\frac{1}{\sqrt{1+r^2-2r\cos(\vartheta'-\vartheta)}}\,d\vartheta'\\+\frac{1}{2\pi}\int_{-\pi}^{\pi}[\varphi(r,\vartheta)]\,d\vartheta\end{aligned}\right\} \tag{9, 1}$$

darstellen läßt, ist jede der beiden folgenden Bedingungen:

1. Die Randwerte $F(\vartheta)=[\varphi(r,\vartheta)]$ genügen den Voraussetzungen von Hilfssatz 1.
2. Die Randwerte $F(\vartheta)=[\varphi(r,\vartheta)]$ seien längs $r=1$ durchweg stetig. Die im Gebiet $r>1$ gleichfalls reguläre Potentialfunktion $r\frac{\partial}{\partial r}\varphi(r,\vartheta)$ sei im abgeschlossenen Bereich $r\geqq 1$ mit Aus-

nahme von endlich vielen Randpunkten $(1, \vartheta^{(j)})$ $(j = 1, 2, \ldots, n)$ stetig und genüge für alle $r < 1$ der Ungleichung

$$\frac{1}{\pi}\int_{-\pi}^{\pi}\left(r\frac{\partial}{\partial r}\varphi(r,\vartheta)\right)^2 d\vartheta \leqq D_5. \tag{9, 2}$$

Beweis: Zunächst sei bemerkt, daß die Randwerte der Normalableitung $\left[\frac{\partial}{\partial r}\varphi(r,\vartheta)\right]$ längs $r = 1$ quadratisch integrierbar sind und wegen (9, 2) der Ungleichung

$$\frac{1}{\pi}\int_{-\pi}^{\pi}\left[\frac{\partial}{\partial r}\varphi(r,\vartheta)\right]^2 d\vartheta \leqq D_5 \tag{9, 3}$$

genügen. Ist insbesondere die Bedingung 1 erfüllt, so hat man die Konstante D_5 durch die Konstante

$$D_2 = \frac{1}{\pi}\int_{-\pi}^{\pi}(F'(\vartheta))^2\, d\vartheta$$

zu ersetzen. Wie im Beweis von Hilfssatz 1 läßt sich nunmehr zeigen, daß zwischen den Fourierkoeffizienten A_n, B_n von $\left[\frac{\partial}{\partial r}\varphi(r,\vartheta)\right]$ und den Fourierkoeffizienten a_n, b_n von $[\varphi(r,\vartheta)]$ die Beziehungen

$$A_n = -n a_n, \quad B_n = -n b_n \quad (n = 1, 2, \ldots) \tag{9, 4}$$

bestehen. Ferner gewinnt man durch dieselbe Überlegung, die zum Beweis von (7, 16) angestellt wurde, mit Hilfe von (9, 2) und (9, 3) die Beziehung

$$\int_{-\pi}^{\pi}\left[\frac{\partial}{\partial r}\varphi(r,\vartheta)\right] d\vartheta = \lim_{r\to 1}\int_{-\pi}^{\pi} r\frac{\partial}{\partial r}\varphi(r,\vartheta)\, d\vartheta. \tag{9, 5}$$

Hieraus folgt, da wegen der Regularität von $\varphi(r,\vartheta)$ im ganzen Außengebiet $r > 1$ das auf der rechten Seite von (9, 5) stehende Integral für jedes $r > 1$ verschwinden muß,

$$\int_{-\pi}^{\pi}\left[\frac{\partial}{\partial r}\varphi(r,\vartheta)\right] d\vartheta = 0. \tag{9, 6}$$

Durch Einführung der bekannten Reihenentwicklung

$$\ln \frac{1}{\sqrt{1+r^2-2r\cos(\vartheta'-\vartheta)}} = \ln\frac{1}{r} + \sum_{\nu=1}^{\infty} \frac{1}{\nu r^\nu} \cos \nu(\vartheta'-\vartheta) \qquad (r>1)$$

in das Potential der einfachen Schicht

$$\Phi(r,\vartheta) = -\frac{1}{\pi}\int_{-\pi}^{\pi}\left[\frac{\partial}{\partial r}\varphi(r,\vartheta')\right]\ln\frac{1}{\sqrt{1+r^2-2r\cos(\vartheta'-\vartheta)}}\,d\vartheta'$$

ergibt sich bei Beachtung von (9, 4) und (9, 6) schließlich

$$\Phi(r,\vartheta) = \sum_{\nu=1}^{\infty}\frac{1}{r^\nu}\left\{a_\nu \cos\nu\vartheta + b_\nu \sin\nu\vartheta\right\} = \varphi(r,\vartheta) - \frac{a_0}{2},$$

womit (9, 1) bewiesen ist.

10. Hilfssatz 4: Ist die Belegungsdichte $\sigma(\vartheta)$ des logarithmischen Linienpotentials

$$\Phi(r,\vartheta) = \int_{-\pi}^{\pi}\sigma(\vartheta')\ln\frac{1}{\sqrt{1+r^2-2r\cos(\vartheta'-\vartheta)}}\,d\vartheta' \qquad (10,1)$$

längs $r = 1$ beschränkt durch

$$|\sigma(\vartheta)| \leqq D_6 \qquad (10, 2)$$

und integrierbar, so genügt $\Phi(r, \vartheta)$ gleichmäßig für alle ϑ und alle $r \geqq 1$ der H-Bedingung

$$|\Phi(r,\vartheta+t) - \Phi(r,\vartheta)| \leqq d_9 D_6 |t|^\beta \quad (0<\beta<1;\ |t| \leqq \delta_4) \qquad (10, 3)$$

Darin bedeutet β eine beliebige, zwischen 0 und 1 gelegene Zahl, δ_4 eine hinreichend kleine positive Konstante und d_9 eine nur von β und δ_4 abhängige Konstante.

Dieser Hilfssatz folgt unmittelbar aus einem bekannten Satz von A. KORN ([5a], Bd. 2, S. 323) über das logarithmische Potential einer mit der Masse σ belegten, stetig gekrümmten Kurve. Im vorliegenden Sonderfall der Kreislinie liefert der KORNsche Satz die H-Bedingung

$$|[\Phi(r,\vartheta+t)] - [\Phi(r,\vartheta)]| \leqq d_9 D_6 |t|^\beta \quad (0<\beta<1;\ |t| \leqq \delta_4), \qquad (10,4)$$

wobei die Konstanten auf der rechten Seite dieser Ungleichung die oben angegebene Bedeutung haben. Der Übergang von (10, 4) zur behaupteten H-Bedingung (10, 3) ergibt sich mit Hilfe der POISSONschen Integraldarstellung für $\Phi(r, \vartheta)$. Während der H-Exponent β im ursprünglichen KORNschen Beweis ([5a], Bd. 2, S. 323) noch von der Gestalt der mit Masse belegten Kurve abzuhängen scheint, hat A. KORN später den entsprechenden Satz für das NEWTONsche Potential der einfachen Belegung ([5b], Hilfssatz I, S. 8) in der allgemeineren Fassung bewiesen, daß dieser Exponent jede zwischen 0 und 1 gelegene Zahl sein darf.

3. Zurückführung der Integrodifferentialgleichung (5,1) auf ein potentialtheoretisches Randwertproblem

11. Um die Integrodifferentialgleichung (5, 1) in ein potentialtheoretisches Randwertproblem überzuführen, treffen wir für die im Intervall $0 \leqq \vartheta \leqq \pi$ erklärten Funktionen $f(\vartheta)$, $g(\vartheta)$ und $h(\vartheta)$ genau wie H. SCHMIDT [14b] im Sonderfall $K(x, x') = 0$ die folgenden Fortsetzungsvorschriften:

$$f(-\vartheta) = -f(\vartheta), g(-\vartheta) = g(\vartheta), h(-\vartheta) = -h(\vartheta) \quad (0 \leqq \vartheta \leqq \pi). \quad (11,1)$$

Fassen wir jetzt diese Funktionen als Ortsfunktionen auf dem Einheitskreis $r = 1$ einer r, ϑ-Ebene auf, so gelten die H-Bedingungen (4, 3), (4, 4) und (5, 3) für $g(\vartheta)$, $h(\vartheta)$ und $\frac{df}{d\vartheta}$ gleichmäßig für jedes abgeschlossene Teilintervall $\Theta_1 \leqq \vartheta \leqq \Theta_2$ von $-\pi \leqq \vartheta \leqq \pi$, das keine der Unstetigkeitsstellen $\vartheta^{(j)}$ und $-\vartheta^{(j)}$ von $g(\vartheta)$ oder $h(\vartheta)$ sowie keinen der Punkte $\vartheta = 0$ und $\vartheta = \pi$ enthält. Indem wir noch $\vartheta^{(n+m)} = -\vartheta^{(n-m)}$ $(m = 1, 2, \ldots, n)$ setzen, dürfen wir im folgenden die sämtlichen Unstetigkeitsstellen der jetzt längs $r = 1$ erklärten Ortsfunktionen $g(\vartheta)$ und $h(\vartheta)$ kurz in der Form $\vartheta^{(j)}$ $(j = 1, 2, \ldots, 2n)$ angeben. Ferner dehnen wir den Definitionsbereich (4, 5) des Zusatzkerns $K(\vartheta, \vartheta')$ durch die Forderung

$$K(-\vartheta, -\vartheta') = K(-\vartheta, \vartheta') = K(\vartheta, -\vartheta') = K(\vartheta, \vartheta') \qquad (11, 2)$$

auf den größeren Bereich

$$-\pi \leqq \vartheta \leqq \pi, \quad -\pi \leqq \vartheta' \leqq \pi$$

aus. Wie man leicht erkennt, erfüllt $K(\vartheta, \vartheta')$ in diesem Bereich die Bedingung

$$\int_{-\pi}^{\pi} \{K(\vartheta + t, \vartheta') - K(\vartheta, \vartheta')\}^2 \, d\vartheta' \leqq 8\, C_1 \, |t|^{2\alpha}$$

oder mit

$$C_2 = 8\, C_1 \tag{11,3}$$

$$\left.\begin{aligned} &\int_{-\pi}^{\pi} \{K(\vartheta + t, \vartheta') - K(\vartheta, \vartheta')\}^2 \, d\vartheta' \leqq C_2 \, |t|^{2\alpha} \\ &\qquad (0 < \alpha < 1, |t| \leqq \delta_3). \end{aligned}\right\} \tag{11,4}$$

Ist z. B. $\vartheta > 0$ jedoch $\vartheta + t < 0$, so folgt aus der Ungleichung (4, 6) wegen

$$\begin{aligned} &\{K(\vartheta + t, \vartheta') - K(\vartheta, \vartheta')\}^2 \\ &= \{(K(-\vartheta - t, \vartheta') - K(0, \vartheta')) + (K(0, \vartheta') - K(\vartheta, \vartheta'))\}^2 \\ &\leqq 2\,(K(-\vartheta - t, \vartheta') - K(0, \vartheta'))^2 + 2\,(K(0, \vartheta') - K(\vartheta, \vartheta'))^2 \end{aligned}$$

zunächst die Abschätzung

$$\int_{-\pi}^{\pi} \{K(\vartheta + t, \vartheta') - K(\vartheta, \vartheta')\}^2 d\vartheta' \leqq 2\, C_1 (-\vartheta - t)^{2\alpha} + 2\, C_1 \vartheta^{2\alpha} \leqq 4\, C_1 |t|^{2\alpha},$$

woraus sich bei Beachtung von (11, 2) und (11, 3) unmittelbar die Ungleichung (1, 14) ergibt.

12. Nunmehr nehmen wir an, daß bereits eine Lösung $f(\vartheta)$ des Problems I vorliegt, und bilden mit den Randwerten

$$[\varphi(r, \vartheta)] = \frac{1}{4} f(\vartheta) \tag{12, 1}$$

die im Außengebiet $r > 1$ des Einheitskreises der r, ϑ-Ebene reguläre Potentialfunktion

$$\varphi(r, \vartheta) = \frac{1}{8\pi} \int_{-\pi}^{\pi} f(\vartheta') \frac{r^2 - 1}{1 + r^2 - 2\, r \cos(\vartheta' - \vartheta)} \, d\vartheta'. \tag{12, 2}$$

Auf Grund der von $f(\vartheta)$ im Problem I geforderten Eigenschaften erfüllt $\varphi(r, \vartheta)$ alle Voraussetzungen von Hilfssatz 1; man braucht dort nur

$$F(\vartheta) = \frac{1}{4} f(\vartheta)$$

zu setzen. Infolgedessen nehmen die partiellen Ableitungen 1. Ordnung von $\varphi(r, \vartheta)$ für alle $\vartheta \neq \vartheta^{(j)}$, 0 und π die Randwerte

$$\left[\frac{\partial}{\partial \vartheta} \varphi(r, \vartheta)\right] = \frac{1}{4} f'(\vartheta) \tag{12, 3}$$

bzw.

$$\left[\frac{\partial}{\partial r} \varphi(r, \vartheta)\right] = \frac{1}{8\pi} \int_0^\pi \left\{\frac{d}{d\vartheta'} f(\vartheta + \vartheta') - \frac{d}{d\vartheta'} f(\vartheta - \vartheta')\right\} \operatorname{cotg} \frac{\vartheta'}{2} \, d\vartheta'$$

an, wobei man für die Randwerte $\left[\frac{\partial}{\partial r} \varphi(r, \vartheta)\right]$ nach Zusatz 1 zu Hilfssatz 1 auch

$$\left[\frac{\partial}{\partial r} \varphi(r, \vartheta)\right] = -\frac{\sin \vartheta}{4\pi} \oint_0^\pi \frac{df}{d\vartheta'} \frac{d\vartheta'}{\cos \vartheta' - \cos \vartheta} \tag{12, 4}$$

schreiben darf. Ferner sind die Randwerte $\left[\frac{\partial}{\partial \vartheta} \varphi(r, \vartheta)\right]$ und $\left[\frac{\partial}{\partial r} \varphi(r, \vartheta)\right]$ längs $r = 1$ quadratisch integrierbar. Außerdem läßt sich $\varphi(r, \vartheta)$ nach Hilfssatz III als Potential der einfachen Belegung in der Form

$$\left.\begin{aligned} \varphi(r, \vartheta) = -\frac{1}{\pi} \int_{-\pi}^{\pi} \left[\frac{\partial}{\partial r} \varphi(r, \vartheta)\right] \ln \frac{1}{\sqrt{1 + r^2 - 2r\cos(\vartheta' - \vartheta)}} \, d\vartheta' \\ + \frac{1}{2\pi} \int_{-\pi}^{\pi} \left[\varphi(r, \vartheta')\right] d\vartheta' \end{aligned}\right\} \tag{12, 5}$$

darstellen, woraus für die im Gebiet $r > 1$ gleichfalls reguläre Potentialfunktion $r \frac{\partial}{\partial r} \varphi(r, \vartheta)$ wegen

$$\int_{-\pi}^{\pi} \left[\frac{\partial}{\partial r} \varphi(r, \vartheta')\right] d\vartheta' = 0$$

unmittelbar

$$r\frac{\partial}{\partial r}\varphi(r,\vartheta)=\frac{1}{2\pi}\int_{-\pi}^{\pi}\left[\frac{\partial}{\partial r}\varphi(r,\vartheta')\right]\frac{r^2-1}{\sqrt{1+r^2-2r\cos(\vartheta'-\vartheta)}}\,d\vartheta' \qquad (12,6)$$

folgt. Da die rechte Seite von (12, 4) wegen (5, 5) längs $r=1$ der Beschränktheitsbedingung

$$\left|\left[\frac{\partial}{\partial r}\varphi(r,\vartheta)\right]\right|\leqq E_1 \qquad (12,7)$$

genügt, so liefert (12, 6) im ganzen Bereich $r\geqq 1$ die Ungleichung

$$\left|r\frac{\partial}{\partial r}\varphi(r,\vartheta)\right|\leqq E_1. \qquad (12,8)$$

Um nun die Integraldifferentialgleichung (5, 1) in eine Randbedingung für $\varphi(r,\vartheta)$ zu verwandeln, führen wir in (5, 1) mit Hilfe von (12, 1), (12, 3) und (12, 4) die Randwerte $[\varphi(r,\vartheta)]$, $\left[\frac{\partial}{\partial\vartheta}\varphi(r,\vartheta)\right]$ und $\left[\frac{\partial}{\partial r}\varphi(r,\vartheta)\right]$ ein und erhalten zunächst die Gleichung

$$\left.\begin{aligned}&\left[\frac{\partial}{\partial r}\varphi(r,\vartheta)\right]-\frac{4\gamma_0\sin\vartheta}{h(\vartheta)}[\varphi(r,\vartheta)]\\&=-\left\{g(\vartheta)-\frac{1}{\pi}\int_0^{\pi}\left[\frac{\partial}{\partial\vartheta'}\varphi(r,\vartheta')\right]K(\vartheta,\vartheta')\,d\vartheta'\right\}\sin\vartheta\\&(0<\vartheta<\pi,\ \ \vartheta\neq\vartheta^{(j)};\quad j=1,2,\cdots,n),\end{aligned}\right\} \qquad (12,9)$$

die wegen

$$\int_0^{\pi}\left[\frac{\partial}{\partial\vartheta'}\varphi(r,\vartheta')\right]K(\vartheta,\vartheta')\,d\vartheta'=\frac{1}{2}\int_{-\pi}^{\pi}\left[\frac{\partial}{\partial\vartheta'}\varphi(r,\vartheta')\right]K(\vartheta,\vartheta')\,d\vartheta' \qquad (12,10)$$

in die Gleichung

$$\left.\begin{aligned}&\left[\frac{\partial}{\partial r}\varphi(r,\vartheta)\right]-\frac{4\gamma_0\sin\vartheta}{h(\vartheta)}[\varphi(r,\vartheta)]\\&=-\left\{g(\vartheta)-\frac{1}{2\pi}\int_{-\pi}^{\pi}\left[\frac{\partial}{\partial\vartheta'}\varphi(r,\vartheta')\right]K(\vartheta,\vartheta')\,d\vartheta'\right\}\sin\vartheta\end{aligned}\right\} \qquad (12,11)$$

übergeht. Hieraus ergibt sich die Beachtung von (11, 1), (11, 2), (12, 3) und (12, 4) die Beziehung

$$\left.\begin{aligned}&\left[\frac{\partial}{\partial r}\varphi(r,-\vartheta)\right]-\frac{4\gamma_0\sin(-\vartheta)}{h(-\vartheta)}[\varphi(r,-\vartheta)]\\ &=-\left\{g(-\vartheta)-\frac{1}{2\pi}\int_{-\pi}^{\pi}\left[\frac{\partial}{\partial\vartheta'}\varphi(r,\vartheta')\right]K(\vartheta,\vartheta')\,d\vartheta'\right\}\sin(-\vartheta),\end{aligned}\right\}\quad(12{,}12)$$

die sich mit (12, 11) in die längs $r = 1$ für $\vartheta \neq \vartheta^{(j)}$, 0 und π gültige Randbedingung

$$\left.\begin{aligned}&\left[\frac{\partial}{\partial r}\varphi(r,\vartheta)\right]-\frac{4\gamma_0\sin\vartheta}{h(\vartheta)}[\varphi(r,\vartheta)]\\ &=-\left\{g(\vartheta)-\frac{1}{2\pi}\int_{-\pi}^{\pi}\left[\frac{\partial}{\partial\vartheta'}\varphi(r,\vartheta')\right]K(\vartheta,\vartheta')\,d\vartheta'\right\}\sin\vartheta\\ &(\vartheta\neq\vartheta^{(j)},\ 0\text{ und }\pi;\quad j=1,2,\cdots,2n;\quad \vartheta^{(n+m)}=-\vartheta^{(n-m)})\end{aligned}\right\}\quad(12{,}13)$$

zusammenfassen läßt. Setzen wir noch zur Abkürzung

$$\gamma_1=\frac{4\gamma_0}{h_1},\qquad(12,14)$$

wobei h_1 die in (4, 2) vorkommende Konstante bedeutet, und führen wir die Funktion

$$k(\vartheta)=\frac{h(\vartheta)}{h_1\sin\vartheta}-1\qquad(12,15)$$

ein, so nimmt die Randbedingung (12, 13) für $\varphi(r, \vartheta)$ schließlich die Form

$$\left.\begin{aligned}&\left[\frac{\partial}{\partial r}\varphi(r,\vartheta)\right]-\frac{\gamma_1}{1+k(\vartheta)}[\varphi(r,\vartheta)]\\ &=-\left\{g(\vartheta)-\frac{1}{2\pi}\int_{-\pi}^{\pi}\left[\frac{\partial}{\partial\vartheta'}\varphi(r,\vartheta')\right]K(\vartheta,\vartheta')\,d\vartheta'\right\}\sin\vartheta\\ &(\vartheta\neq\vartheta^{(j)},\ 0\text{ und }\pi;\quad j=1,2,\cdots,2n)\end{aligned}\right\}\quad(12{,}16)$$

an.

13. Die gemäß (12, 15) erklärte Funktion $k(\vartheta)$ weist auf Grund der Vorausetzungen über $h(\vartheta)$ sowie der Fortsetzungsvorschrift (11, 1) folgende Eigenschaften auf: Längs $r = 1$ genügt $k(\vartheta)$ der Symmetriebedingung

$$k(-\vartheta)=k(\vartheta)\qquad(13,1)$$

und wird wegen (13, 1) nirgend negativ. Ferner kann $k(\vartheta)$ nur an den Stellen $\vartheta^{(j)}$ $(j = 1, 2, \ldots 2n)$, 0 und π unstetig werden, und erfüllt in jedem Intervall $\Theta_1 \leqq \vartheta \leqq \Theta_2$, das keine dieser Stellen enthält, gleichmäßig eine H-Bedingung

$$|k(\vartheta + t) - k(\vartheta)| \leqq B_2 |t|^\alpha \quad (0 < \alpha < 1, |t| \leqq \delta_5), \qquad (13, 2)$$

wobei die Konstanten B_2 und δ_5 von Intervall zu Intervall verschieden sein dürfen, während der Exponent α denselben Wert besitzt wie in (4, 3) und (4, 4) längs $r = 1$ die Abschätzung

$$|\sin\vartheta \{1 + k(\vartheta)\}| \leqq \frac{h_0}{h_1}, \qquad (13, 3)$$

die zeigt, daß $k(\vartheta)$ nur bei $\vartheta = 0$ und $\vartheta = \pi$ unendlich werden kann. Denkt man sich nun umgekehrt auf dem Einheitskreis der r, ϑ-Ebene eine mit den oben genannten Eigenschaften ausgestattete Ortsfunktion $k(\vartheta)$ vorgegeben, so wird durch (12, 15) eine Funktion

$$h(\vartheta) = h_1 \sin\vartheta \{1 + k(\vartheta)\} \qquad (13, 4)$$

bestimmt, die im Intervall $0 \leqq \vartheta \leqq \pi$ allen im ersten Abschnitt an $h(\vartheta)$ gestellten Forderungen genügt.

14. Aus diesen Überlegungen geht hervor, daß jede Lösung des Problems I zugleich eine Lösung der folgenden potentialtheoretischen Randwertaufgabe liefert:

Problem II: Gesucht sind alle Lösungen $\varphi(r, \vartheta)$ des durch die Randbedingung (12, 16) gekennzeichneten Randwertproblems mit folgenden Eigenschaften:

a') $\varphi(r, \vartheta)$ ist eine im Gebiet $r > 1$ der r, ϑ-Ebene (einschließlich des unendlich fernen Punktes reguläre Potentialfunktion)[5]) mit durchweg stetigen Randwerten $[\varphi(r, \vartheta)]$.

b') Die im Gebiet $r > 1$ gleichfalls reguläre Potentialfunktion $r \frac{\partial}{\partial r} \varphi(r, \vartheta)$ ist dort beschränkt.

c') Die Randwerte der partiellen Ableitungen $\frac{\partial}{\partial r} \varphi(r, \vartheta)$ und $\frac{1}{r} \frac{\partial}{\partial \vartheta} \varphi(r, \vartheta)$ sind für alle $\vartheta \neq \vartheta^{(j)}$ $(j = 1, 2, \ldots, 2n)$, 0 und π vor-

[5]) Für die Regularität einer Potentialfunktion $\varphi(r, \vartheta)$ im Unendlichen im Sinne der bekannten Definition von PLEMELJ (vgl. [10], S. 3—5) ist notwendig und hinreichend, daß $|\varphi(r, \vartheta)|$ für $r \to \infty$ beschränkt bleibt.

handen und genügen in jedem Intervall $\Theta_1 \leqq \vartheta \leqq \Theta_2$, das keine der Stellen $\vartheta^{(j)}$, 0 und π enthält, gleichmäßig je einer H-Bedingung

$$\left|\left[\frac{\partial}{\partial r}\varphi(r,\vartheta+t)\right]-\left[\frac{\partial}{\partial r}\varphi(r,\vartheta)\right]\right| \leqq D_7\,|t|^\alpha \quad (0<\alpha<1\ |t| \leqq \delta_6) \tag{14, 1}$$

bzw.

$$\left|\left[\frac{\partial}{\partial \vartheta}\varphi(r,\vartheta+t)\right]-\left[\frac{\partial}{\partial r}\varphi(r,\vartheta)\right]\right| \leqq D_8\,|t|^\alpha \quad (0<\alpha<1\ |t| \leqq \delta_7), \tag{14, 2}$$

wobei die Konstanten D_7, D_8, δ_5, δ_6 in der Regel von Intervall zu Intervall verschieden sind.

15. Wird nunmehr angenommen, daß eine Lösung $\varphi(r, \vartheta)$ des Problems II existiert, so läßt sich leicht zeigen, daß die Randfunktion $[\varphi(r, \vartheta)]$ für $\vartheta = 0$ und $\vartheta = \pi$ verschwinden muß. Zerlegt man nämlich $\varphi(r, \vartheta)$ in der Form

$$\varphi(r,\vartheta) = \varphi_g(r,\vartheta) + \varphi_u(r,\vartheta) \tag{15, 1}$$

einen geraden Bestandteil

$$\varphi_g(r,\vartheta) = \frac{1}{2}\left\{\varphi(r,\vartheta) + \varphi(r,-\vartheta)\right\} \tag{15, 2}$$

und einen ungeraden Bestandteil

$$\varphi_u(r,\vartheta) = \frac{1}{2}\left\{\varphi(r,\vartheta) - \varphi(r,-\vartheta)\right\} \tag{15, 3}$$

so erhält man aus der Randbedingung (12, 16) bei Beachtung von

$$\int_{-\pi}^{\pi}\left[\frac{\partial}{\partial\vartheta'}\varphi_g(r,\vartheta')\right]K(\vartheta,\vartheta')\,d\vartheta' = 0$$

für $\vartheta \neq \vartheta^{(j)}$, 0 und π die Beziehung

$$\begin{aligned}&\left[\frac{\partial}{\partial r}\varphi_u(r,\vartheta)\right] - \frac{\gamma_1}{1+k(\vartheta)}\left[\varphi_u(r,\vartheta)\right]\\&+\left\{g(\vartheta) - \frac{1}{2\pi}\int_{-\pi}^{\pi}\left[\frac{\partial}{\partial\vartheta'}\varphi_u(r,\vartheta')\right]K(\vartheta,\vartheta')\,d\vartheta'\right\}\sin\vartheta\\&= -\left\{\left[\frac{\partial}{\partial r}\varphi_g(r,\vartheta)\right] - \frac{\gamma_1}{1+k(\vartheta)}\left[\varphi_g(r,\vartheta)\right]\right\},\end{aligned}$$

die sofort in die beiden Randbedingungen

$$\left[\frac{\partial}{\partial r}\varphi_u(r,\vartheta)\right] - \frac{\gamma_1}{1+k(\vartheta)}[\varphi_u(r,\vartheta)]$$

$$+\left\{g(\vartheta) - \frac{1}{2\pi}\int_{-\pi}^{\pi}\left[\frac{\partial}{\partial\vartheta'}\varphi_u(r,\vartheta')\right]K(\vartheta,\vartheta')\,d\vartheta'\right\}\sin\vartheta = 0$$

und

$$\left[\frac{\partial}{\partial r}\varphi_g(r,\vartheta)\right] - \frac{\gamma_1}{1+k(\vartheta)}[\varphi_g(r,\vartheta)] = 0$$

für $\varphi_u(r, \vartheta)$ bzw. $\varphi_g(r, \vartheta)$ zerfällt. Alsdann muß $\varphi_g(r, \vartheta)$ als eine im Gebiet $r > 1$ reguläre Lösung des homogenen dritten Randwertproblems der Potentialtheorie dort identisch verschwinden. Infolgedessen nimmt $[\varphi(r, \vartheta)] = [\varphi_u(r, \vartheta)]$ als durchweg stetige ungerade Funktion von ϑ mit der Periode 2π bei $\vartheta = 0$ und $\vartheta = \pi$ den Wert Null an. Da $\varphi(r, \vartheta)$ überdies den Voraussetzungen von Hilfssatz 2 genügt, so besitzt die mit den Randwerten $[\varphi(r, \vartheta)]$ gemäß (12, 1) gebildete Ortsfunktion

$$f(\vartheta) = 4\,[\varphi(r, \vartheta)]$$

im Intervall $0 \leqq \vartheta \leqq \pi$ die im Problem I geforderten Eigenschaften a) und b). Um schließlich zu erkennen, daß diese Funktion $f(\vartheta)$ zugleich eine Lösung der Integrodifferentialgleichung (5, 1) darstellt, braucht man in (12, 16) nur die Randwerte $[\varphi(r, \vartheta)]$, $\left[\frac{\partial}{\partial r}\varphi(r,\vartheta)\right]$ und $\left[\frac{\partial}{\partial\vartheta}\varphi(r,\vartheta)\right]$ mit Hilfe der Beziehungen (12, 1), (12, 3) und (12, 4) durch $f(\vartheta)$ und $\frac{df}{d\vartheta}$ auszudrücken.

4. Auflösung des Problems II mit der Methode der sukzessiven Approximationen

a) Übersicht über die Lösungsmethode

16. Als Ausgangspunkt für die Methode der sukzessiven Approximationen wählen wir den einfachsten, durch die Randbedingung

$$\left[\frac{\partial}{\partial r}\varphi_0(r,\vartheta)\right] - \gamma_1[\varphi_0(r,\vartheta)] = -\,g(\vartheta)\sin\vartheta \tag{16,1}$$

charakterisierten Sonderfall des Problems II, der eine eindeutig bestimmte, in geschlossener Form angebbare Lösung besitzt (vgl. Abschnitt 4b). Alsdann approximieren wir den der dritten Randwertaufgabe der Potentialtheorie entsprechenden Sonderfall des Problems II mit der Randbedingung

$$\left[\frac{\partial}{\partial r}\varphi(r,\vartheta)\right] - \frac{\gamma_1}{1+k(\vartheta)}\left[\varphi(r,\vartheta)\right] = -g(\vartheta)\sin\vartheta \tag{16,2}$$

durch die unendliche Folge von Randwertproblemen

$$\left.\begin{aligned} &\left[\frac{\partial}{\partial r}\varphi_0(r,\vartheta)\right] - \gamma_1\left[\varphi_0(r,\vartheta)\right] = -g(\vartheta)\sin\vartheta, \\ &\left[\frac{\partial}{\partial r}\varphi_n(r,\vartheta)\right] - \gamma_1\left[\varphi_n(r,\vartheta)\right] \\ &= -g(\vartheta)\sin\vartheta - \gamma_1\frac{k(\vartheta)}{1+k(\vartheta)}\left[\varphi_{n-1}(r,\vartheta)\right] \\ &\qquad (n = 1, 2, 3, \ldots) \end{aligned}\right\} \tag{16,3}$$

und weisen im Abschnitt 4c nach, daß die Funktionenfolge

$$\varphi_0(r,\vartheta),\quad \varphi_1(r,\vartheta),\quad \varphi_2(r,\vartheta),\ldots$$

im Bereich $r \geqq 1$ gegen eine Grenzfunktion $\varphi(r, \vartheta)$ konvergiert, die dort die einzige Lösung des Randwertproblems (16, 2) mit den im Problem II geforderten Eigenschaften a'), b'), c') darstellt. Ganz analog wird im Abschnitt 4d das allgemeine Problem II durch die unendliche Folge von Randwertproblemen der Form

$$\left.\begin{aligned} &\left[\frac{\partial}{\partial r}\varphi_0(r,\vartheta)\right] - \frac{\gamma_1}{1+k(\vartheta)}\left[\varphi_0(r,\vartheta)\right] = -g(\vartheta)\sin\vartheta \\ &\left[\frac{\partial}{\partial r}\varphi_n(r,\vartheta)\right] - \frac{\gamma_1}{1+k(\vartheta)}\left[\varphi_n(r,\vartheta)\right] \\ &= -\left\{g(\vartheta) - \frac{1}{2\pi}\int_{-\pi}^{\pi}\left[\frac{\partial}{\partial\vartheta'}\varphi_{n-1}(r,\vartheta')\right]K(\vartheta,\vartheta')\,d\vartheta'\right\}\sin\vartheta \\ &\qquad (n = 1, 2, 3, \ldots) \end{aligned}\right\} \tag{16,4}$$

approximiert und unter einer hinreichenden Bedingung über den Zusatzkern $K(\vartheta, \vartheta')$ gezeigt, daß die zugehörige Funktionenfolge

$$\varphi_0(r,\vartheta),\quad \varphi_1(r,\vartheta),\quad \varphi_2(r,\vartheta),\ldots$$

im Bereich $r \leqq 1$ ebenfalls gleichmäßig gegen eine Grenzfunktion $\varphi(r, \vartheta)$ konvergiert. Diese Funktion $\varphi(r, \vartheta)$ wird sich als einzige Lösung des allgemeinen Problems II erweisen, die die geforderten Eigenschaften a'), b'), c') besitzt.

In einer inzwischen erschienenen Arbeit behandelt K. MARUHN [7b] einige Klassen nichtlinearer Randwertaufgaben, die das Randwertproblem II als Sonderfall enthalten (vgl. [7b], Fußnote 33), ebenfalls mit der Methode der sukzessiven Approximationen. Abgesehen davon, daß die vorgegebenen Funktionen keine Unstetigkeitsstellen haben dürfen, wendet MARUHN diese Methode auf die dem Randwertproblem gleichwertige Integralgleichung an und erhält eindeutige Lösbarkeit, falls ein gewisser Parameter hinreichend klein gewählt wird. Darüber hinaus ist jedoch zur numerischen Behandlung noch die Kenntnis einer brauchbaren oberen Schranke für diesen Parameter in Abhängigkeit von den Vorgaben erforderlich, was auf die Berechnung der Konstanten $c_1, c_2, \ldots$ der MARUHNschen Arbeit hinauslaufen würde. Abweichend vom Vorgehen MARUHNs wird in diesem Abschnitt eine leicht entscheidbare hinreichende Bedingung für die eindeutige Lösbarkeit des Randwertproblems II durch direkte Anwendung der Methode der sukzessiven Approximationen auf das Randwertproblem hergeleitet, ohne die Theorie der Integralgleichung dazu heranzuziehen, was auch für die Behandlung nichtlinearer Randwertaufgaben der Potentialtheorie von Bedeutung sein dürfte.

b) Das Randwertproblem (4,11)

17. Für die Lösung des durch die Bedingung (16, 1) charakterisierten Randwertproblems gibt H. SCHMIDT [14a], [14b], [14c] den Ausdruck[6])

$$\varphi_0(r, \vartheta) = r^{\gamma_1} \int_r^\infty \frac{Q(\varrho, \vartheta)}{\varrho^{\gamma_1+1}} \, d\varrho \qquad (17,1)$$

[6]) Vgl. hierzu auch [12], S. 186.

mit

$$Q(r,\vartheta) = \frac{1}{2\pi}\int_{-\pi}^{\pi} g(\vartheta')\sin\vartheta' \frac{r^2-1}{1+r^2-2r\cos(\vartheta-\vartheta')}\,d\vartheta' \qquad (17,2)$$

an, woraus für $Q(r, \vartheta)$ im Gebiet $r > 1$ sofort die Beziehung

$$Q(r,\vartheta) = \gamma_1\,\varphi_0(r,\vartheta) - r\frac{\partial}{\partial r}\varphi_0(r,\vartheta) \qquad (17,3)$$

folgt. Daß $\varphi_0(r, \vartheta)$ die im Problem II geforderten Eigenschaften a′), b′) und c′) besitzt, erkennt man mit rein potentialtheoretischen Hilfsmitteln in folgender Weise. Da $g(\vartheta)$ längs $r = 1$ nach Voraussetzung der Bedingung

$$|g(\vartheta)| \leqq g_0 \qquad (17,4)$$

genügt, so sind die im Gebiet $r > 1$ regulären Potentialfunktionen $Q(r, \vartheta)$, $\varphi_0(r, \vartheta)$ und $r\frac{\partial}{\partial r}\varphi_0(r, \vartheta)$ dort sämtlich beschränkt. Ferner konvergiert $\varphi_0(r, \vartheta)$ für $r \to 1$ gleichmäßig gegen die Randwerte

$$[\varphi_0(r,\vartheta)] - \int_1^{\infty} \frac{Q(\varrho,\vartheta)}{\varrho^{\gamma_1+1}}\,d\varrho,$$

die infolgedessen längs $r = 1$ durchweg stetig sind. Außerdem geht aus (17, 3) hervor, daß $r\cdot\frac{\partial}{\partial r}\varphi_0(r, \vartheta)$ in jedem Intervall $\Theta_1 \leqq \vartheta \leqq \Theta_2$, das keine der Stellen $\vartheta^{(j)}$ $(j = 1, 2, \ldots, 2n)$, 0 und π enthält, gleichmäßig gegen stetige Randwerte $\left[\frac{\partial}{\partial r}\varphi_0(r, \vartheta)\right]$ konvergiert und zusammen mit $\varphi_0(r, \vartheta)$ die vorgeschriebene Randbedingung (16, 1) erfüllt. Ferner läßt sich nach Hilfssatz 3 die Funktion $\varphi_0(r, \vartheta)$ als Potential einer einfachen Belegung in der Form

$$\varphi_0(r,\vartheta) = -\frac{1}{\pi}\int_{-\pi}^{\pi}\left[\frac{\partial}{\partial r}\varphi_0(r,\vartheta')\right]\ln\frac{1}{\sqrt{1+r^2-2r\cos(\vartheta-\vartheta')}}\,d\vartheta' \qquad (17,5)$$

darstellen, und ihre Randwerte genügen nach Hilfssatz 4 gleichmäßig für alle ϑ der H-Bedingung

$$\big|[\varphi_0(r,\vartheta+t)] - [\varphi_0(r,\vartheta)]\big| \leqq d_9 D_9 |t|^{\beta};\ (0<\beta<1;\ |t| \leqq \delta_4). \quad (17,6)$$

Dabei bedeutet D_9 eine obere Schranke für den Betrag von $\left[\frac{\partial}{\partial r}\varphi_0(r,\vartheta)\right]$, β eine beliebige zwischen 0 und 1 gelegene Zahl, δ_4 eine hinreichend kleine positive Konstante und d_9 eine nur von β und δ_4 abhängige Konstante. Nachdem β gleich dem in der H-Bedingung (4, 3) für $g(\vartheta)$ vorkommenden Exponenten α gewählt worden ist, erkennt man aus der Randbedingung (16, 1) mit Benutzung von (4, 3) und (17, 6), daß die Randwerte $\left[\frac{\partial}{\partial r}\varphi_0(r,\vartheta)\right]$ in jedem Intervall $\Theta_1 \leqq \vartheta \leqq \Theta_2$, das keine der Stellen $\vartheta^{(j)}$ $(j = 1, 2, \ldots, 2n)$, 0 oder π enthält, gleichmäßig eine H-Bedingung

$$\left.\begin{aligned}&\left|\left[\frac{\partial}{\partial r}\varphi_0(r,\vartheta+t)\right]-\left[\frac{\partial}{\partial r}\varphi_0(r,\vartheta)\right]\right| \leqq D_{10}|t|^\alpha;\\&\left(0<\alpha<1, |t| \leqq \delta_8 < \frac{|\Theta_1-\Theta_2|}{2} \leqq \pi\right)\end{aligned}\right\} \quad (17, 7)$$

erfüllen. Damit ist gezeigt, daß die von H. SCHMIDT angegebene Potentialfunktion $\varphi_0(r,\vartheta)$ allen Voraussetzungen von Hilfssatz 2 genügt, mithin auch die im Problem II geforderten Eigenschaften $a')$, $b')$, $c')$ besitzt. Zugleich ist $\varphi_0(r,\vartheta)$ nach bekannten Sätzen der Potentialtheorie die einzige Lösung des Randwertproblems (16, 1) (vgl. hierzu auch [6b], [7a]).

18. Schließlich sei noch die für $r \geqq 1$ gültige Abschätzung

$$\left|\frac{\varphi_0(r,\vartheta)}{\sin\vartheta}\right| \leqq \frac{1}{\gamma_1+1}\frac{g_0}{r} \quad (18, 1)$$

erwähnt, die sich aus der POISSONschen Integraldarstellung (17, 2) für $Q(r,\vartheta)$ folgendermaßen ergibt. Setzt man zur Abkürzung

$$P(r,\vartheta;\vartheta') = \frac{1}{2\pi}\frac{r^2-1}{1+r^2-2r\cos(\vartheta-\vartheta')},$$

so erhält man aus (17, 2) bei Beachtung der zweiten Gleichung von (11, 1)

$$Q(r,\vartheta) = \int_0^\pi g(\vartheta')\sin\vartheta'\left\{P(r,\vartheta;\vartheta') - P(r,\vartheta;-\vartheta')\right\}d\vartheta'. \quad (18, 2)$$

Ferner liefert (17, 4) die im Intervall $0 \leqq \vartheta' \leqq \pi$ gültige Abschätzung

$$|g(\vartheta')\sin\vartheta'| \leqq g_0 \sin\vartheta'. \tag{18, 3}$$

Aus (18, 2) und (18, 3) folgt wegen

$$P(r,\vartheta;\vartheta') - P(r,\vartheta;-\vartheta') \leqq 0 \quad \text{für} \quad r \leqq 1, \quad 0 \leqq \vartheta \leqq \pi, \quad 0 \leqq \vartheta' \leqq \pi$$

zunächst

$$|Q(r,\vartheta)| \leqq g_0 \int_0^\pi \sin\vartheta' \left\{P(r,\vartheta;\vartheta') - P(r,\vartheta;-\vartheta')\right\} d\vartheta'$$

$$= g_0 \int_{-\pi}^{\pi} \sin\vartheta' \; P(r,\vartheta;\vartheta')\, d\vartheta' = \frac{g_0 \sin\vartheta}{r}$$

oder für beliebige ϑ

$$|Q(r,\vartheta)| \leqq \frac{g_0\,|\sin\vartheta|}{r}. \tag{18, 4}$$

Durch Einführung dieser Ungleichung in (17, 1) gelangt man zu der für $r \geqq 1$ gültigen Abschätzung (18, 1), in der das Gleichheitszeichen für $g(\vartheta) = g_0 = \text{const.}$ stehen muß. Ferner erhält man aus (17, 3) mit Hilfe von (18, 1) und (18, 4) die für $r \geqq 1$ gültige Abschätzung

$$\left|\frac{r}{\sin\vartheta}\frac{\partial}{\partial r}\varphi_0(r,\vartheta)\right| \leqq \frac{2\gamma_1+1}{\gamma_1+1}\,\frac{g_0}{r}. \tag{18, 5}$$

Genügt insbesondere die Vorgabe $g(\vartheta)$ für alle ϑ an Stelle von (17, 4) der Bedingung

$$0 \leqq g(\vartheta) \leqq g_0, \tag{18, 6}$$

so erhält man statt (18, 4) und (18, 1) die Ungleichung

$$0 \leqq Q(r,\vartheta) \leqq \frac{g_0\,|\sin\vartheta|}{r} \tag{18, 7}$$

bzw.

$$0 \leqq \frac{\varphi_0(r,\vartheta)}{\sin\vartheta} \leqq \frac{1}{\gamma_1+1}\,\frac{g_0}{r}. \tag{18, 8}$$

Wegen (17, 3) darf man die Ungleichung (18, 7) auch in der Form

$$0 \leqq \gamma_1\,\varphi_0(r,\vartheta) - r\frac{\partial}{\partial r}\varphi_0(r,\vartheta) \leqq \frac{g_0\,|\sin\vartheta|}{r} \tag{18, 9}$$

schreiben. Zugleich erkennt man aus (12, 1) und (18, 8), daß die dem Randwertproblem (16, 1) entsprechende Integrodifferentialgleichung

$$\left.\begin{aligned} \gamma_0 f(\vartheta) = h_1 \sin\vartheta \left\{ g(\vartheta) - \frac{1}{4\pi} \int_0^\pi \frac{df}{d\vartheta'} \frac{d\vartheta'}{\cos\vartheta' - \cos\vartheta} \right\} \\ (\gamma_0 \geqq 0, \ h_1 > 0) \end{aligned}\right\} \quad (18,10)$$

im Intervall $0 \leqq \vartheta \leqq \pi$ eine nicht negative Lösung $f(\vartheta)$ besitzt, wenn die vorgegebene Funktion $g(\vartheta)$ dort ebenfalls keine negativen Werte annimmt.

c) Das Randwertproblem (4, 12)

19. Aus der unendlichen Folge der Randwertprobleme (16, 3) stellen wir durch Subtraktion von je zwei aufeinanderfolgenden Randbedingungen die folgende Kette von sukzessiven Approximationen her:

$$\left.\begin{aligned} \left[\frac{\partial}{\partial r}\varphi_0(r,\vartheta)\right] - \gamma_1[\varphi_0(r,\vartheta)] = -g(\vartheta)\sin\vartheta \\ \left[\frac{\partial}{\partial r}\{\varphi_{n+1}(r,\vartheta) - \varphi_n(r,\vartheta)\}\right] - \gamma_1[\varphi_{n+1}(r,\vartheta) - \varphi_n(r,\vartheta)] \\ = -g_{n+1}(\vartheta)\sin\vartheta \qquad (n = 0, 1, 2, \ldots), \end{aligned}\right\} \quad (19,1)$$

wobei zur Abkürzung

$$\left.\begin{aligned} g_1(\vartheta) = \frac{\gamma_1 k(\vartheta)}{1+k(\vartheta)} \frac{[\varphi_0(r,\vartheta)]}{\sin\vartheta}, \\ g_{n+1}(\vartheta) = \frac{\gamma_1 k(\vartheta)}{1+k(\vartheta)} \frac{[\varphi_n(r,\vartheta) - \varphi_{n-1}(r,\vartheta)]}{\sin\vartheta} \end{aligned}\right\} \quad (19, 2)$$

gesetzt worden ist. Da die durch (12, 15) eingeführte Funktion $k(\vartheta)$ wegen (4, 2) nirgends negativ werden kann, so besitzt die Funktion

$$\frac{k(\vartheta)}{1+k(\vartheta)}$$

längs $r = 1$ eine endliche obere Grenze ω_0, die der Ungleichung

$$0 \leqq \omega_0 \leqq 1 \qquad (19, 3)$$

genügt. Insbesondere gilt $\omega_0 = 0$, wenn $h(\vartheta) = h_1 \sin\vartheta$, also $k(\vartheta) = 0$ ist, und $\omega_0 = 1$, wenn $h(\vartheta) = h_0$, also $h_1 = h_0$ und $k(\vartheta) = \frac{1}{\sin\vartheta} - 1$ gewählt wird. Durch vollständige Induktion erkennt man, daß jedes der Randwertprobleme (19, 1) auf Grund der Ausführungen im Abschnitt 4b eine eindeutig bestimmte Lösung mit den Eigenschaften a'), b'), c') besitzt und die Funktion $g_1(\vartheta), g_2(\vartheta), g_3(\vartheta), \ldots$ längs $r = 1$ die gleiche Beschaffenheit wie die vorgegebene Funktion $g(\vartheta)$ aufweisen. Alsdann ergeben sich mit Benutzung von (18, 1), (18, 5) und (19, 3) für $r \geqq 1$ die Abschätzungen

$$|g_0(\vartheta)| \leqq g_0; \; |g_{n+1}(\vartheta)| \leqq \left(\frac{\gamma_1\omega_0}{\gamma_1+1}\right)^{n+1} g_0 \qquad (n = 0, 1, 2, \ldots), \tag{19, 4}$$

$$\left.\begin{aligned} \left|\frac{\varphi_0(r,\vartheta)}{\sin\vartheta}\right| &\leqq \frac{1}{\gamma_1+1}\,\frac{g_0}{r}, \\ \left|\frac{\varphi_{n+1}(r,\vartheta)-\varphi_n(r,\vartheta)}{\sin\vartheta}\right| &\leqq \left(\frac{\gamma_1\omega_0}{\gamma_1+1}\right)^{n+1}\frac{1}{\gamma_1+1}\,\frac{g_0}{r} \quad (n = 0, 1, 2\ \ldots,), \end{aligned}\right\} \tag{19, 5}$$

$$\left.\begin{aligned} &\left|\frac{r}{\sin\vartheta}\,\frac{\partial}{\partial r}\varphi_0(r,\vartheta)\right| \leqq \frac{2\gamma_1+1}{\gamma_1+1}\,\frac{g_0}{r}, \\ &\left|\frac{r}{\sin\vartheta}\,\frac{\partial}{\partial r}\left\{\varphi_{n+1}(r,\vartheta)-\varphi_n(r,\vartheta)\right\}\right| \\ &\leqq \frac{2\gamma_1+1}{\gamma_1+1}\left(\frac{\gamma_1\omega_0}{\gamma_1+1}\right)^{n+1}\frac{g_0}{r} \qquad (n = 0, 1, 2, \ldots). \end{aligned}\right\} \tag{19, 6}$$

Mit Hilfe dieser Ungleichung erhält man für die beiden Reihen

$$\left.\begin{aligned} \varphi(r,\vartheta) = \varphi_0(r,\vartheta) &+ \left\{\varphi_1(r,\vartheta)-\varphi_0(r,\vartheta)\right\} \\ &+ \left\{\varphi_2(r,\vartheta)-\varphi_1(r,\vartheta)\right\} + \cdots \end{aligned}\right\} \tag{19, 7}$$

und

$$\left.\begin{aligned} r\frac{\partial}{\partial r}\varphi(r,\vartheta) = r\frac{\partial}{\partial r}\varphi_0(r,\vartheta) &+ r\frac{\partial}{\partial r}\left\{\varphi_1(r,\vartheta)-\varphi_0(r,\vartheta)\right\} \\ &+ r\frac{\partial}{\partial r}\left\{\varphi_2(r,\vartheta)-\varphi_1(r,\vartheta)\right\} + \cdots \end{aligned}\right\} \tag{19, 8}$$

die wegen $\gamma_1 \geqq 0$ stets konvergenten Majoranten

$$\frac{1}{\gamma_1+1}\,\frac{g_0}{r}\,|\sin\vartheta|\left\{1 + \left(\frac{\gamma_1\omega_0}{\gamma_1+1}\right) + \left(\frac{\gamma_1\omega_0}{\gamma_1+1}\right)^2 + \cdots\right\}$$

bzw.

$$\frac{2\gamma_1+1}{\gamma_1+1}\,\frac{g_0}{r}\,|\sin\vartheta|\left\{1 + \left(\frac{\gamma_1\omega_0}{\gamma_1+1}\right) + \left(\frac{\gamma_1\omega_0}{\gamma_1+1}\right)^2 + \cdots\right\}.$$

Nach einem bekannten Satz von HARNACK sind die Summen $\varphi(r, \vartheta)$ bzw. $r \cdot \frac{\partial}{\partial r} \varphi(r, \vartheta)$ der Reihen (19, 7) bzw. (19,8) im Gebiet $r > 1$ (einschließlich des unendlich fernen Punktes) reguläre Potentialfunktionen und genügen dort außerdem den Ungleichungen

$$\left| \frac{\varphi(r, \vartheta)}{\sin \vartheta} \right| \leqq \frac{1}{(1 - \omega_0)\gamma_1 + 1} \frac{g_0}{r} \tag{19, 9}$$

bzw.

$$\left| \frac{r}{\sin \vartheta} \frac{\partial}{\partial r} \varphi(r, \vartheta) \right| \leqq \frac{2\gamma_1 + 1}{(1 - \omega_0)\gamma_1 + 1} \frac{g_0}{r}. \tag{19, 10}$$

Aus der im Gebiet $r > 1$ gleichmäßig konvergenten Reihe (19, 7) ergibt sich durch den gliedweisen Grenzübergang $r \to 1$ die längs $r = 1$ gleichmäßig konvergente Reihe

$$\left. \begin{aligned} [\varphi(r, \vartheta)] = [\varphi_0(r, \vartheta)] + [\varphi_1(r, \vartheta) - \varphi_0(r, \vartheta)] \\ + [\varphi_2(r, \vartheta) - \varphi_1(r, \vartheta)] + \cdots \end{aligned} \right\} \tag{19, 11}$$

Mit ihren Gliedern ist auch ihre Summe längs $r = 1$ durchweg stetig. Ferner kann man bei der im Gebiet $r > 1$ gleichmäßig konvergenten Reihe (19, 8) den Grenzübergang $r \to 1$ in jedem Intervall $\Theta_1 \leqq \vartheta \leqq \Theta_2$ gliedweise vollziehen, das keine der Stellen $\vartheta^{(j)}$, 0 oder π enthält, wo eine der beiden Funktionen $g(\vartheta)$ oder $h(\vartheta)$ unstetig wird. Dieser Grenzübergang liefert dann die im Intervall $\Theta_1 \leqq \vartheta \leqq \Theta_2$ gleichmäßig konvergente Reihe

$$\left. \begin{aligned} \left[\frac{\partial}{\partial r} \varphi(r, \vartheta)\right] = \left[\frac{\partial}{\partial r} \varphi_0(r, \vartheta)\right] + \left[\frac{\partial}{\partial r} \{\varphi_1(r, \vartheta) - \varphi_0(r, \vartheta)\}\right] \\ + \left[\frac{\partial}{\partial r} \{\varphi_2(r, \vartheta) - \varphi_1(r, \vartheta)\}\right] + \cdots, \end{aligned} \right\} \tag{19,12}$$

deren Summe dort ebenfalls stetig ist. Mit Hilfe der soeben nachgewiesenen Konvergenz der beiden Reihen (19, 11) und (19, 12) ergibt sich die Gültigkeit der Randbedingung (16, 2) für alle $\vartheta \neq \vartheta^{(j)}$, 0 und π einfach durch Summation der Randbedingungen (19, 1). Daß die durch die Reihe (19,7) erklärte Potentialfunktion $\varphi(r, \vartheta)$ die im Problem II geforderten Eigenschaften a'), b'), c') besitzt, erkennt man durch dieselben Überlegungen wie bei dem im Abschnitt 4b behandelten Randwertproblem

(16, 1)[7]). Überdies stellt nach bekannten Sätzen der Potentialtheorie $\varphi(r,\vartheta)$ die einzige Lösung des Randwertproblems (16, 2) dar.

20. Erfüllt die Vorgabe $g(\vartheta)$ für alle ϑ an Stelle von (17, 4) die schärfere Bedingung (18, 6), so liefert die Anwendung der Ungleichungen (18, 8) und (18, 9) auf die Approximationen (19,1) und (19, 2) die im Gebiet $r > 1$ gültigen Abschätzungen

$$\left.\begin{aligned} &0 \leqq \frac{\varphi_0(r,\vartheta)}{\sin\vartheta} \leqq \frac{1}{\gamma_1+1}\,\frac{g_0}{r},\\ &0 \leqq \frac{\varphi_{n-1}(r,\vartheta)-\varphi_n(r,\vartheta)}{\sin\vartheta} \leqq \left(\frac{\gamma_1\omega_0}{\gamma_1+1}\right)^{n+1}\frac{1}{\gamma_1+1}\,\frac{g_0}{r},\\ &0 \leqq g_{n+1}(\vartheta) \leqq \left(\frac{\gamma_1\omega_0}{\gamma_1+1}\right)^{n+1} g_0 \qquad (n=0,1,2,\ldots).\end{aligned}\right\} \qquad (20,1)$$

Daher genügen die Summen der Reihen (19, 7) und (19, 11) den Ungleichungen

$$\left.\begin{aligned} &0 \leqq \frac{\varphi(r,\vartheta)}{\sin\vartheta} \leqq \frac{1}{(1-\omega_0)\,\gamma_1+1}\,\frac{g_0}{r}\\ \text{bzw.}\quad &0 \leqq \frac{[\varphi(r,\vartheta)]}{\sin\vartheta} \leqq \frac{2\gamma_1+1}{(1-\omega_0)\,\gamma_1+1}\,\frac{g_0}{r}.\end{aligned}\right\} \qquad (20,2)$$

Zugleich ist damit folgendes gezeigt. Die gemäß (12, 1) gebildete Lösung

$$f(\vartheta) = 4\,[\varphi(r,\vartheta)]$$

der dem Randwertproblem (16, 2) entsprechenden Integrodifferentialgleichung

$$\gamma_0 f(\vartheta) = h(\vartheta)\left\{g(\vartheta) - \frac{1}{4\pi}\oint_0^\pi \frac{df}{d\vartheta'}\,\frac{d\vartheta'}{\cos\vartheta'-\cos\vartheta}\right\} \qquad (\gamma_0 \geqq 0) \qquad (20,3)$$

nimmt im Intervall $0 \leqq \vartheta \leqq \pi$ keine negativen Werte an, wenn für die vorgegebene Funktion $g(\vartheta)$ dasselbe gilt.

[7]) Einen Teil dieser Eigenschaften hat H. Schmidt [14b] aus allgemeinen Sätzen der Potentialtheorie hergeleitet, die gewöhnlich mit Hilfe der Theorie der Fredholmschen Integralgleichungen bewiesen werden. Das zur Lösung des Randwertproblems (16, 2) benutzte Approximationsverfahren wurde vom Verfasser in anderem Zusammenhang [16a] skizziert.

21. Nunmehr werde eine im nächsten Abschnitt benötigte Abschätzung für das Integral

$$\int_{-\pi}^{\pi} \left[\frac{\partial}{\partial \vartheta} \varphi(r,\vartheta)\right]^2 d\vartheta$$

hergeleitet. Da $\varphi(r,\vartheta)$ auf Grund der Eigenschaften $a'), b'), c')$ zugleich die Voraussetzungen von Hilfssatz 1 erfüllt, so liefert (7, 7) die Beziehung

$$\int_{-\pi}^{\pi} \left[\frac{\partial}{\partial \vartheta} \varphi(r,\vartheta)\right]^2 d\vartheta = \int_{-\pi}^{\pi} \left[\frac{\partial}{\partial r} \varphi(r,\vartheta)\right]^2 d\vartheta. \tag{21,1}$$

Um eine obere Schranke für das auf der rechten Seite dieser Gleichung stehende Integral zu finden, quadrieren wir die Randbedingung (16, 2) und erhalten nach Multiplikation mit $1 + k(\vartheta)$ zunächst

$$\begin{aligned} &\left[\frac{\partial}{\partial r} \varphi(r,\vartheta)\right]^2 \{1 + k(\vartheta)\} \\ &= \gamma_1^2 \frac{[\varphi(r,\vartheta)]^2}{1 + k(\vartheta)} - 2\gamma_1 [\varphi(r,\vartheta)]\, g(\vartheta) \sin\vartheta + g^2(\vartheta) \sin^2\vartheta \{1 + k(\vartheta)\}. \end{aligned}$$

Hieraus ergibt sich wiederum mit Hilfe von (16, 2)

$$\begin{aligned} &\left[\frac{\partial}{\partial r} \varphi(r,\vartheta)\right]^2 \{1 + k(\vartheta)\} \\ &= -\gamma_1^2 \frac{[\varphi(r,\vartheta)]^2}{1 + k(\vartheta)} + 2\gamma_1 [\varphi(r,\vartheta)] \left[\frac{\partial}{\partial r} \varphi(r,\vartheta)\right] + g^2(\vartheta) \sin^2\vartheta \{1 + k(\vartheta)\}. \end{aligned}$$

Die Integration dieser Gleichung nach ϑ von $-\pi$ bis $+\pi$ liefert

$$\left.\begin{aligned} &\int_{-\pi}^{\pi} \left[\frac{\partial}{\partial r} \varphi(r,\vartheta)\right]^2 \{1 + k(\vartheta)\}\, d\vartheta \\ &= -\gamma_1^2 \int_{-\pi}^{\pi} \frac{[\varphi(r,\vartheta)]^2}{1 + k(\vartheta)}\, d\vartheta + 2\gamma_1 \int_{-\pi}^{\pi} [\varphi(r,\vartheta)] \left[\frac{\partial}{\partial r} \varphi(r,\vartheta)\right] d\vartheta \\ &\quad + \int_{-\pi}^{\pi} g^2(\vartheta) \sin^2\vartheta \{1 + k(\vartheta)\}\, d\vartheta. \end{aligned}\right\} \tag{21,2}$$

Da $\varphi(r, \vartheta)$ eine im ganzen Außengebiet $r > 1$ des Einheitskreises der r, ϑ-Ebene reguläre Potentialfunktion darstellt, so gilt nach einer bekannten Formel von GREEN

$$\iint\limits_{r>1} \left\{\left(\frac{\partial\varphi}{\partial r}\right)^2 + \frac{1}{r^2}\left(\frac{\partial\varphi}{\partial\vartheta}\right)^2\right\} d\tau = -\int\limits_{-\pi}^{\pi} [\varphi(r,\vartheta)]\left[\frac{\partial}{\partial r}\varphi(r,\vartheta)\right] d\vartheta.$$

Dadurch geht (21, 2) in die Beziehung

$$\int\limits_{-\pi}^{\pi}\left[\frac{\partial}{\partial r}\varphi(r,\vartheta)\right]^2 \{1+k(\vartheta)\}\, d\vartheta$$

$$= -\gamma_1^2\int\limits_{-\pi}^{\pi}\frac{[\varphi(r,\vartheta)]^2}{1+k(\vartheta)}\, d\vartheta - 2\gamma_1 \iint\limits_{r>1}\left\{\left(\frac{\partial\varphi}{\partial r}\right)^2 + \frac{1}{r^2}\left(\frac{\partial\varphi}{\partial\vartheta}\right)^2\right\} d\tau$$

$$+\int\limits_{-\pi}^{\pi} g^2(\vartheta)\sin^2\vartheta\,\{1+k(\vartheta)\}\, d\vartheta$$

über, woraus wegen $k(\vartheta) \geqq 0$ unmittelbar die Ungleichung

$$\int\limits_{-\pi}^{\pi}\left[\frac{\partial}{\partial r}\varphi(r,\vartheta)\right]^2 \{1+k(\vartheta)\}\, d\vartheta \leqq \int\limits_{-\pi}^{\pi} g^2(\vartheta)\sin^2\vartheta\,\{1+k(\vartheta)\}\, d\vartheta \qquad (21,3)$$

folgt[8]). Diese Ungleichung läßt sich bei Beachtung von (11, 1) und (13, 1) auch in der Form

---

[8]) Durch Einführung der Integraldarstellung (9, 1) für $\varphi(r, \vartheta)$ in die Randbedingung (16, 2) entsteht die FREDHOLMsche Integralgleichung

$$\left[\frac{\partial}{\partial r}\varphi(r,\vartheta)\right] - \frac{\gamma_1}{\pi\{1+k(\vartheta)\}}\int\limits_{-\pi}^{\pi}\left[\frac{\partial}{\partial r}\varphi(r,\vartheta')\right]\ln\left\{2\sin\frac{|\vartheta'-\vartheta|}{2}\right\} d\vartheta'$$
$$= -g(\vartheta)\sin\vartheta,$$

woraus sich durch Symmetriesierung die Integralgleichung

$$\left[\frac{\partial}{\partial r}\varphi(r,\vartheta)\right]\sqrt{1+k(\vartheta)} - \frac{\gamma_1}{\pi}\int\limits_{-\pi}^{\pi}\left[\frac{\partial}{\partial r}\varphi(r,\vartheta')\right]\sqrt{1+k(\vartheta')}\;\frac{\ln\left\{2\sin\frac{|\vartheta'-\vartheta|}{2}\right\}}{\sqrt{1+k(\vartheta)}\sqrt{1+k(\vartheta')}}\, d\vartheta'$$
$$= -g(\vartheta)\sin\vartheta\sqrt{1+k(\vartheta)}$$

ergibt, deren Kern überdies negativ definit ist. Für die Lösung einer solchen Integralgleichung leitet Fr. WILLERS in einer nachgelassenen Arbeit von E. TREFFTZ eine Abschätzung her (vgl. [18], S. 19), die sich im vorliegenden Falle mit der Ungleichung (21, 1) deckt. Dieser nach (21, 5) führende Weg war mir bereits 1943 bekannt.

$$\int_{-\pi}^{\pi}\left[\frac{\partial}{\partial r}\varphi(r,\vartheta)\right]^2\{1+k(\vartheta)\}\,d\vartheta \leqq 2\int_{0}^{\pi} g^2(\vartheta)\sin^2\vartheta\,\{1+k(\vartheta)\}\,d\vartheta \quad (21,4)$$

schreiben und liefert mit Benutzung von (4, 1) und (13, 3) die Abschätzung

$$\int_{-\pi}^{\pi}\left[\frac{\partial}{\partial r}\varphi(r,\vartheta)\right]^2\{1+k(\vartheta)\}\,d\vartheta \leqq \frac{4\,g_0^2\,h_0}{h_1}.$$

Hieraus und aus (21, 1) ergibt sich schließlich

$$\int_{-\pi}^{\pi}\left[\frac{\partial}{\partial r}\varphi(r,\vartheta)\right]^2 d\vartheta \leqq \frac{4\,g_0^2\,h_0}{h_1}. \quad (21,5)$$

d) Das Randwertproblem (3, 38)

22. Aus der unendlichen Folge der Randwertprobleme (16, 4) läßt sich durch Subtraktion von zwei aufeinanderfolgenden Randbedingungen die folgende Kette von sukzessiven Approximationen herstellen

$$\left.\begin{aligned} &\left[\frac{\partial}{\partial r}\varphi_0(r,\vartheta)\right]-\frac{\gamma_1}{1+k(\vartheta)}\left[\varphi_0(r,\vartheta)\right]=-g(\vartheta)\sin\vartheta\\ &\left[\frac{\partial}{\partial r}\{\varphi_{n+1}(r,\vartheta)-\varphi_n(r,\vartheta)\}\right]-\frac{\gamma_1}{1+k(\vartheta)}\left[\varphi_{n+1}(r,\vartheta)-\varphi_n(r,\vartheta)\right]\\ &\qquad=-g_{n+1}^*(\vartheta)\sin\vartheta \qquad (n=0,1,2,\cdots), \end{aligned}\right\} \quad (22,1)$$

wobei zur Abkürzung

$$g_1^*(\vartheta)=-\frac{1}{2\pi}\int_{-\pi}^{\pi}\left[\frac{\partial}{\partial\vartheta'}\varphi_0(r,\vartheta')\right]K(\vartheta,\vartheta')\,d\vartheta', \quad (22,2)$$

$$g_{n+1}^*(\vartheta)=-\frac{1}{2\pi}\int_{-\pi}^{\pi}\left[\frac{\partial}{\partial\vartheta'}\{\varphi_n(r,\vartheta')-\varphi_{n-1}(r,\vartheta')\}\right]K(\vartheta,\vartheta')\,d\vartheta' \quad (22,3)$$

gesetzt worden ist. Ferner werde die obere Grenze der nach Voraussetzung für alle ϑ beschränkten Funktion

$$K(\vartheta)=\int_{-\pi}^{\pi}K^2(\vartheta,\vartheta')\,d\vartheta'=2\int_{0}^{\pi}K^2(\vartheta,\vartheta')\,d\vartheta' \quad (22,4)$$

mit K_0 bezeichnet, so daß also für alle ϑ

$$|K(\vartheta)| \leqq K_0 \tag{22, 5}$$

gilt.

23. Durch vollständige Induktion werden wir auf Grund der Ausführungen im Abschnitt 4c zeigen, daß die Funktionen $g_1^*(\vartheta)$, $g_2^*(\vartheta)$, $g_3^*(\vartheta)$, ... den Ungleichungen

$$|g_n^*(\vartheta)| \leqq \frac{g_0}{\pi^n}\left\{\frac{h_0}{h_1} K_0\right\}^{\frac{n}{2}}, \tag{23, 1}$$

$$\left.\begin{aligned} &|g_n^*(\vartheta+\tau) - g_n^*(\vartheta)| \leqq \frac{g_0}{\pi^n}\left\{\frac{h_0}{h_1} C_2\right\}^{\frac{1}{2}}\left\{\frac{h_0}{h_1} K_0\right\}^{\frac{n-1}{2}} |t|^\alpha \\ &(0<\alpha<1, \quad |t| \leqq \delta_3, \quad n=1,2,\cdots) \end{aligned}\right\} \tag{23, 2}$$

genügen, woraus wie im Abschnitt 4b hervorgeht, daß jedes der Randwertprobleme (22, 1) eine eindeutig bestimmte Lösung mit den Eigenschaften a'), b'), c') besitzt. Außerdem gelten die folgenden Abschätzungen

$$\left|\frac{\varphi_n(r,\vartheta) - \varphi_{n-1}(r,\vartheta)}{\sin\vartheta}\right| \leqq \frac{1}{(1-\omega_0)\gamma_1+1}\,\frac{g_0}{r}\,\frac{1}{\pi^n}\left\{\frac{h_0}{h_1} K_0\right\}^{\frac{n}{2}}, \tag{23, 3}$$

$$\left|\frac{1}{\sin\vartheta}\frac{\partial}{\partial r}\{\varphi_n(r,\vartheta) - \varphi_{n+1}(r,\vartheta)\}\right| \leqq \frac{2\gamma_1+1}{(1-\omega_0)\gamma_1+1}\,\frac{g_0}{r}\,\frac{1}{\pi^n}\left\{\frac{h_0}{h_1} K_0\right\}^{\frac{n}{2}}, \tag{23,4}$$

$$\left.\begin{aligned} &\int_{-\pi}^{\pi}\left[\frac{\partial}{\partial\vartheta'}\{\varphi_n(r,\vartheta') - \varphi_{n-1}(r,\vartheta')\}\right]^2 d\vartheta' \leqq \frac{4g_0^2}{\pi^{2n}}\left(\frac{h_0}{h_1}\right)^{n+1} K_0^n \\ &(n=1,2,3,\cdots). \end{aligned}\right\} \tag{23, 5}$$

Wir begnügen uns damit, den Schluß von n auf $n+1$ nur für die beiden Ungleichungen (23, 1) und (23, 2) durchzuführen, da sich die Abschätzungen (23, 3), (23, 4), (23, 5) mühelos mit Benutzung der Ungleichungen (19, 9), (19, 10), (21, 5) gewinnen lassen. Zunächst folgt aus (22, 2) durch Anwendung der Schwarzschen Ungleichung und Beachtung von (21, 5), (22, 4), (22, 5)

$$\left.\begin{aligned} |g_1^*(\vartheta)| &\leqq \frac{1}{2\pi}\left\{\int_{-\pi}^{\pi}\left[\frac{\partial}{\partial\vartheta'}\varphi_0(r,\vartheta')\right]^2 d\vartheta'\right\}^{1/2}\left\{\int_{-\pi}^{\pi} K^2(\vartheta,\vartheta')\,d\vartheta'\right\}^{1/2} \\ &\leqq \frac{1}{2\pi}\left\{4g_0^2\frac{h_0}{h_1}\right\}^{1/2} K_0^{1/2} = \frac{g_0}{\pi}\left\{\frac{h_0}{h_1} K_0\right\}^{1/2}. \end{aligned}\right\} \tag{23, 6}$$

Ebenso ergibt sich aus (22, 2) mit Hilfe von (11, 4) und (21, 5)

$$\left.\begin{aligned} |g_1^*(\vartheta+t) - g_1^*(\vartheta)| &\leqq \frac{1}{2\pi}\left\{\int_{-\pi}^{\pi}\left[\frac{\partial}{\partial\vartheta'}\varphi_0(r,\vartheta')\right]^2 d\vartheta'\right\}^{1/2} \\ \cdot\left\{\int_{-\pi}^{\pi}(K(\vartheta+t,\vartheta') - K(\vartheta,\vartheta'))^2 d\vartheta'\right\}^{1/2} &\leqq \frac{1}{2\pi}\left\{4\,g_0^2\,\frac{h_0}{h_1}\right\}^{1/2}\left\{C_2\,|t|^{2\alpha}\right\}^{1/2} \\ \leqq \frac{g_0}{\pi}\left\{\frac{h_0}{h_1}C_2\right\}^{1/2}|t|^{\alpha} \qquad &(0<\alpha<1;\ |t|\leqq\delta_3). \end{aligned}\right\} \quad (23,7)$$

Ferner liefert (21, 5) zusammen mit der Abschätzung (23, 6)

$$\int_{-\pi}^{\pi}\left[\frac{\partial}{\partial\vartheta'}\{\varphi_1(r,\vartheta') - \varphi_0(r,\vartheta')\}\right]^2 d\vartheta' \leqq \frac{4\,g_0^2}{\pi_2}\left(\frac{h_0}{h_1}\right)^2 K_0. \qquad (23,8)$$

Indem wir die Ungleichung (23, 5) für den Index n bereits als richtig voraussetzen, erhalten wir aus (22, 3) ganz analog wie zuvor aus (22, 2) die beiden Beziehungen

$$|g_{n+1}^*(\vartheta)| \leqq \frac{1}{2\pi}\left\{\int_{-\pi}^{\pi}\left[\frac{\partial}{\partial\vartheta'}\{\varphi_n(r,\vartheta') - \varphi_{n-1}(r,\vartheta')\}\right]^2 d\vartheta'\right\}^{1/2}$$

$$\cdot\left\{\int_{-\pi}^{\pi}K^2(\vartheta,\vartheta')\,d\vartheta'\right\}^{1/2} \leqq \frac{1}{2\pi}\left\{\frac{4\,g_0^2}{\pi^{2n}}\left(\frac{h_0}{h_1}\right)^{n+1}K_0^n\right\}^{1/2}K_0^{1/2} = \frac{g_0}{\pi^{n+1}}\left\{\frac{h_0}{h_1}K_0\right\}^{\frac{n+1}{2}}$$

und

$$|g_{n+1}^*(\vartheta+t) - g_{n+1}^*(\vartheta)| \leqq \frac{1}{2\pi}\left\{\int_{-\pi}^{\pi}\left[\frac{\partial}{\partial\vartheta'}\{\varphi_n(r,\vartheta') - \varphi_{n-1}(r,\vartheta')\}\right]^2 d\vartheta'\right\}^{1/2}$$

$$\cdot\left\{\int_{-\pi}^{\pi}(K(\vartheta+t,\vartheta') - K(\vartheta,\vartheta'))^2\,d\vartheta'\right\}^{1/2}$$

$$\leqq \frac{1}{2\pi}\left\{\frac{4\,g_0^2}{\pi^{2n}}\left(\frac{h_0}{h_1}\right)^{n+1}K_0^n\right\}^{1/2}\left\{C_2\,|t|^{2\alpha}\right\}^{1/2} = \frac{g_0}{\pi^{n+1}}\left\{\frac{h_0}{h_1}C_2\right\}^{1/2}\left\{\frac{h_0}{h_1}K_0\right\}^{\frac{n}{2}}|t|^{\alpha},$$

womit die Ungleichungen (23, 1) und (23, 2) bewiesen sind.

24. Unterwirft man nunmehr die Konstante K_0 der zusätzlichen Bedingung

$$K_0 < \frac{h_1}{h_0}\pi^2, \qquad (24,1)$$

so ergeben sich für die beiden Reihen

$$\left.\begin{aligned} \varphi(r,\vartheta) = \varphi_0(r,\vartheta) + \{\varphi_1(r,\vartheta) - \varphi_0(r,\vartheta)\} \\ + \{\varphi_2(r,\vartheta) - \varphi_1(r,\vartheta)\} + \cdots \end{aligned}\right\} \tag{24, 2}$$

bzw.

$$\left.\begin{aligned} r\frac{\partial}{\partial r}\varphi(r,\vartheta) = r\frac{\partial}{\partial r}\varphi_0(r,\vartheta) + r\frac{\partial}{\partial r}\{\varphi_1(r,\vartheta) - \varphi_0(r,\vartheta)\} \\ + r\frac{\partial}{\partial r}\{\varphi_2(r,\vartheta) - \varphi_1(r,\vartheta)\} + \cdots \end{aligned}\right\} \tag{24, 3}$$

aus (23, 3) und (23, 4) die konvergenten Majoranten

$$\frac{1}{(1-\omega_0)\,\gamma_1+1}\,\frac{g_0}{r}\,|\sin\vartheta|\,\sum_{\nu=0}^{\infty}\frac{1}{\pi^\nu}\left\{\frac{h_0}{h_1}K_0\right\}^{\nu/2}$$

bzw.

$$\frac{2\gamma_1+1}{(1-\omega_0\,(\gamma_1+1}\,\frac{g_0}{r}\,|\sin\vartheta|\,\sum_{\nu=0}^{\infty}\frac{1}{\pi^\nu}\left\{\frac{h_0}{h_1}K_0\right\}^{\nu/2}.$$

Führt man noch zur Abkürzung die Bezeichnung

$$H_0 = \sum_{\nu=0}^{\infty}\frac{1}{\pi^\nu}\left\{\frac{h_0}{h_1}K_0\right\}^{\nu/2} \tag{24, 4}$$

ein, so erhält man für $\varphi(r, \vartheta)$ bzw. $r\frac{\partial}{\partial r}\varphi(r, \vartheta)$ die Abschätzungen

$$\left.\begin{aligned} \left|\frac{\varphi(r,\vartheta)}{\sin\vartheta}\right| &\leqq \frac{H_0}{(1-\omega_0)\,\gamma_1+1}\,\frac{g_0}{r} \\ \text{bzw.}\quad \left|\frac{r}{\sin\vartheta}\,\frac{\partial}{\partial r}\varphi(r,\vartheta)\right| &\leqq \frac{H_0\,(2\gamma_1+1)}{(1-\omega_0)\,\gamma_1+1}\,\frac{g_0}{r}. \end{aligned}\right\} \tag{24, 5}$$

Zugleich folgt aus der gleichmäßigen Konvergenz der beiden Reihen (24, 2) und (24, 3), daß ihre Summen $\varphi(r, \vartheta)$ bzw. $r\frac{\partial}{\partial r}\varphi(r, \vartheta)$ nach einem bekannten Satz von HARNACK im Gebiet $r > 1$ reguläre Potentialfunktionen sind und der Grenzübergang $r \to 1$ in jedem ϑ-Intervall, in dem die Reihenglieder stetig sind, gliedweise vollzogen werden darf. Infolgedessen ist die Reihe

$$\begin{aligned} [\varphi(r,\vartheta)] = [\varphi_0(r,\vartheta)] + [\varphi_1(r,\vartheta) - \varphi_0(r,\vartheta)] \\ + [\varphi_2(r,\vartheta) - \varphi_1(r,\vartheta)] + \cdots \end{aligned}$$

für alle ϑ und die Reihe

$$\left[\frac{\partial}{\partial r}\varphi(r,\vartheta)\right] = \left[\frac{\partial}{\partial r}\varphi_0(r,\vartheta)\right] + \left[\frac{\partial}{\partial r}\{\varphi_1(r,\vartheta) - \varphi_0(r,\vartheta)\}\right] + \left[\frac{\partial}{\partial r}\{\varphi_2(r,\vartheta) - \varphi_1(r,\vartheta)\}\right] + \cdots$$

in jedem Intervall $\Theta_1 \leqq \vartheta \leqq \Theta_2$, das keine der Stellen $\vartheta^{(j)}$, 0 oder π enthält, gleichmäßig konvergent. Alsdann gelangt man durch Summation der Randbedingungen (22, 1) zu der für alle $\vartheta = \vartheta^{(j)}$, 0 und π gültigen Beziehung

$$\left[\frac{\partial}{\partial r}\varphi(r,\vartheta)\right] - \frac{\gamma_1}{1+k(\vartheta)}[\varphi(r,\vartheta)] = -\{g(\vartheta) + g^*(\vartheta)\}\sin\vartheta, \tag{24, 6}$$

wobei

$$g^*(\vartheta) = \sum_{\nu=1}^{\infty} g^*_\nu(\vartheta) \tag{24, 7}$$

gesetzt worden ist. Die absolute und gleichmäßige Konvergenz dieser Reihe ist gesichert, da sie nach (23, 1) die konvergente Majorante

$$\sum_{\nu=1}^{\infty} \frac{g_0}{\pi^\nu}\left\{\frac{h_0}{h_1}K_0\right\}^{\nu/2}$$

besitzt; außerdem genügt ihre Summe $g^*(\vartheta)$ wegen (23, 2) und (24, 4) der H-Bedingung

$$\left.\begin{array}{c} |g^*(\vartheta+t) - g^*(\vartheta)| \leqq \frac{g_0}{\pi}\left\{\frac{h_0}{h_1}C_2\right\}^{1/2} H_0\,|t|^\alpha. \\ (0<\alpha<1;\ |t|<\delta_3) \end{array}\right\} \tag{24, 8}$$

Schließlich erkennt man wie im Abschnitt 4b durch Benutzung der Hilfssätze 2 bis 4, daß die durch (24, 2) erklärte Potentialfunktion $\varphi(r,\vartheta)$ die im Problem II geforderten Eigenschaften a'), b'), c') besitzt.

25. Um die Gleichung (24, 6) in die Randbedingung (12, 16) des Problems II überzuführen, muß noch die Gültigkeit der Beziehung

$$g^*(\vartheta) = -\frac{1}{2\pi}\int_{-\pi}^{\pi}\left[\frac{\partial}{\partial\vartheta'}\varphi(r,\vartheta')\right]K(\vartheta,\vartheta')\,d\vartheta' \tag{25, 1}$$

gezeigt werden. Zu diesem Zwecke schreiben wir die abzuschätzende Differenz mit Hilfe von (22, 2) und (22, 3) in der Form

$$\left.\begin{aligned} & -\frac{1}{2\pi}\int_{-\pi}^{\pi}\left[\frac{\partial}{\partial\vartheta'}\varphi(r,\vartheta')\right]K(\vartheta,\vartheta')\,d\vartheta' - \sum_{\nu=1}^{n+1} g_\nu^*(\vartheta) \\ & = -\frac{1}{2\pi}\int_{-\pi}^{\pi}\left[\frac{\partial}{\partial\vartheta'}\{\varphi(r,\vartheta') - \varphi_n(r,\vartheta')\}\right]K(\vartheta,\vartheta')\,d\vartheta' \end{aligned}\right\} \quad (25, 2)$$

und erhalten hieraus durch Anwendung der SCHWARZschen Ungleichung bei Beachtung von (22, 4) und (22, 5)

$$\left.\begin{aligned} & \left|-\frac{1}{2\pi}\int_{-\pi}^{\pi}\left[\frac{\partial}{\partial\vartheta'}\varphi(r,\vartheta')\right]K(\vartheta,\vartheta')\,d\vartheta' - \sum_{\nu=1}^{n+1} g_\nu^*(\vartheta)\right| \\ & \leqq \frac{1}{2\pi}\left\{\int_{-\pi}^{\pi}\left[\frac{\partial}{\partial\vartheta'}\{\varphi(r,\vartheta') - \varphi_n(r,\vartheta')\}\right]^2 d\vartheta'\right\}^{1/2} K_0^{1/2}. \end{aligned}\right\} \quad (25, 3)$$

Da die im Gebiet $r > 1$ reguläre Potentialfunktion $\varphi(r,\vartheta) - \varphi_n(r,\vartheta)$ den Voraussetzungen von Hilfssatz 2 genügt, gilt gemäß (7, 7)

$$\int_{-\pi}^{\pi}\left[\frac{\partial}{\partial\vartheta'}\{\varphi(r,\vartheta') - \varphi_n(r,\vartheta')\}\right]^2 d\vartheta' = \int_{-\pi}^{\pi}\left[\frac{\partial}{\partial r}\{\varphi(r,\vartheta') - \varphi_n(r,\vartheta')\}\right]^2 d\vartheta',$$

so daß man (25, 3) durch die Ungleichung

$$\left.\begin{aligned} & \left|-\frac{1}{2\pi}\int_{-\pi}^{\pi}\left[\frac{\partial}{\partial\vartheta'}\varphi(r,\vartheta')\right]K(\vartheta,\vartheta')\,d\vartheta' - \sum_{\nu=1}^{n+1} g_\nu^*(\vartheta)\right| \\ & \leqq \frac{1}{2\pi}\left\{\int_{-\pi}^{\pi}\left[\frac{\partial}{\partial r}\{\varphi(r,\vartheta') - \varphi_n(r,\vartheta')\}\right]^2 d\vartheta'\right\}^{1/2} K_0^{1/2} \end{aligned}\right\} \quad (25, 4)$$

ersetzen kann. Für die im Gebiet $r > 1$ gleichfalls reguläre Potentialfunktion

$$r\frac{\partial}{\partial r}\{\varphi(r,\vartheta) - \varphi_n(r,\vartheta)\} = \sum_{\nu=n+1}^{\infty} r\frac{\partial}{\partial r}\{\varphi_\nu(r,\vartheta) - \varphi_{\nu-1}(r,\vartheta)\}.$$

ergibt sich aus (23, 4) und (24, 4) folgende Ungleichung

$$\left| r\frac{\partial}{\partial r}\{\varphi(r,\vartheta)-\varphi_n(r,\vartheta)\}\right| \leqq \sum_{\nu=n+1}^{\infty}\left| r\frac{\partial}{\partial r}\{\varphi_\nu(r,\vartheta)-\varphi_{\nu-1}(r,\vartheta)\}\right|$$

$$\leqq \frac{2\gamma_1+1}{(1-\omega_0)\gamma_1+1}\frac{g_0}{r}|\sin\vartheta|\sum_{\nu=n+1}^{\infty}\frac{1}{\pi^\nu}\left\{\frac{h_0}{h_1}K_0\right\}^{\nu/2}$$

$$= \frac{2\gamma_1+1}{(1-\omega_0)\gamma_1+1}\frac{g_0}{r}|\sin\vartheta|\frac{H_0}{\pi^{n+1}}\left\{\frac{h_0}{h_1}K_0\right\}^{\frac{n+1}{2}}.$$

Hieraus folgt durch den Grenzübergang $r\to 1$ für alle $\vartheta \neq \vartheta^{(j)}$, 0 und π

$$\left[\frac{\partial}{\partial r}\{\varphi(r,\vartheta)-\varphi_n(r,\vartheta)\}\right]^2 \leqq \frac{D_{11}^2\sin^2\vartheta}{\pi^{2n+2}}\left\{\frac{h_0}{h_1}K_0\right\}^{n+1} \tag{25, 5}$$

mit

$$D_{11}=\frac{2\gamma_1+1}{(1-\omega_0)\gamma_1+1}g_0H_0. \tag{25, 6}$$

Durch Einführung von (25, 5) in (25, 4) gelangt man schließlich zur Abschätzung

$$\left.\begin{aligned}&\left|\frac{1}{2\pi}\int_{-\pi}^{\pi}\left[\frac{\partial}{\partial\vartheta'}\varphi(r,\vartheta')\right]K(\vartheta,\vartheta')\,d\vartheta'-\sum_{\nu=1}^{n+1}g_\nu^*(\vartheta)\right|\\ &\leqq\frac{1}{2}D_{11}K_0^{1/2}\left\{\frac{1}{\pi^2}\frac{h_0}{h_1}K_0\right\}^{\frac{n+1}{2}}\end{aligned}\right\} \tag{25, 7}$$

die für $n\to\infty$ wegen der Voraussetzung (24, 1) unmittelbar die behauptete Beziehung (25, 1) liefert. Damit ist gezeigt, daß die Randbedingung (24, 6) mit der Randbedingung (12, 16) des Problems II identisch ist.

26. Daß die mit Hilfe der Randwertprobleme (16, 4) konstruierte Potentialfunktion $\varphi(r,\vartheta)$ unter der zusätzlichen Voraussetzung (24, 1) die einzige Lösung des Problems II mit den Eigenschaften a'), b'), c') darstellt, kann man leicht in folgender Weise einsetzen. Angenommen, $\Phi(r,\vartheta)$ wäre eine zweite Lösung dieses Problems. Dann würde die Differenz $\varphi(r,\vartheta)-\Phi(r,\vartheta)$ für alle $\vartheta\neq\vartheta^{(j)}$, 0 und π die Randbedingung

$$\left.\begin{aligned}\left[\frac{\partial}{\partial r}\{\varphi(r,\vartheta)-\Phi(r,\vartheta)\}\right]-\frac{\gamma_1}{1+k(\vartheta)}\left[\varphi(r,\vartheta)-\Phi(r,\vartheta)\right]\\ =-G(\vartheta)\sin\vartheta\end{aligned}\right\}\tag{26, 1}$$

mit

$$G(\vartheta)=-\frac{1}{2\pi}\int\limits_{-\pi}^{\pi}\left[\frac{\partial}{\partial\vartheta'}\{\varphi(r,\vartheta')-\Phi(r,\vartheta')\}\right]K(\vartheta,\vartheta')\,d\vartheta'\tag{26, 2}$$

erfüllen und die Eigenschaften a'), b'), c') besitzen. Ferner genügt die Funktion $G(\vartheta)$ wegen (22, 4), (22, 5) und (11, 4) den beiden Ungleichungen

$$\left.\begin{aligned}|G(\vartheta)|&\leqq\frac{1}{2\pi}\left\{\int\limits_{-\pi}^{\pi}\left[\frac{\partial}{\partial\vartheta'}\{\varphi(r,\vartheta')-\Phi(r,\vartheta')\}\right]^2 d\vartheta'\right\}^{1/2}\\ &\quad\cdot\left\{\int\limits_{-\pi}^{\pi}K^2(\vartheta,\vartheta')\,d\vartheta'\right\}^{1/2}\\ &\leqq\frac{1}{2\pi}\left\{\int\limits_{-\pi}^{\pi}\left[\frac{\partial}{\partial\vartheta'}\{\varphi(r,\vartheta')-\Phi(r,\vartheta')\}\right]^2 d\vartheta'\; K_0^{1/2}\right.\end{aligned}\right\}\tag{26, 3}$$

und

$$\left.\begin{aligned}|G(\vartheta+t)-G(\vartheta)|&=\frac{1}{2\pi}\left|\int\limits_{-\pi}^{\pi}\left[\frac{\partial}{\partial\vartheta'}\{\varphi(r,\vartheta')-\Phi(r,\vartheta')\}\right]\right.\\ &\quad\cdot\left.\left(K(\vartheta+t,\vartheta')-K(\vartheta,\vartheta')\right)d\vartheta'\right|\\ &\leqq\frac{1}{2\pi}\left\{\int\limits_{-\pi}^{\pi}\left[\frac{\partial}{\partial\vartheta'}\{\varphi(r,\vartheta')-\Phi(r,\vartheta')\}\right]^2 d\vartheta'\right\}^{1/2}\\ &\quad\cdot\left\{\int\limits_{-\pi}^{\pi}\left(K(\vartheta+t,\vartheta')-K(\vartheta,\vartheta')\right)^2 d\vartheta'\right\}^{1/2}\\ &\leqq\frac{1}{2\pi}\left\{\int\limits_{-\pi}^{\pi}\left[\frac{\partial}{\partial\vartheta'}\{\varphi(r,\vartheta')-\Phi(r,\vartheta')\}\right]^2 d\vartheta'\right\}^{1/2}C_2^{1/2}\,|t|^{\alpha};\\ &\qquad(0<\alpha<1;\ |t|\leqq\delta_3)\end{aligned}\right\}\tag{26, 4}$$

d. h. für $G(\vartheta)$ gelten völlig gleichartige Bedingungen, wie sie im Randwertproblem (16, 2) an die Funktion $g(\vartheta)$ gestellt wurden.

Bezeichnet man nun mit G_0 die obere Grenze von $|G(\vartheta)|$ im Intervall $-\pi \leqq \vartheta \leqq \pi$, so liefert die Abschätzung (21, 5)

$$\int_{-\pi}^{\pi} \left[\frac{\partial}{\partial \vartheta'} \{\varphi(r, \vartheta') - \Phi(r, \vartheta')\}\right]^2 d\vartheta' \leqq \frac{4 g_0^2 h_0}{h_1}. \tag{26, 5}$$

Durch Einführung von (26, 5) in (26, 3) ergibt sich zunächst

$$|G(\vartheta)| \leqq \frac{1}{\pi} G_0 \left\{\frac{h_0}{h_1} K_0\right\}^{1/2}$$

und hieraus

$$G_0 \leqq G_0 \left\{\frac{1}{\pi^2} \frac{h_0}{h_1} K_0\right\}^{1/2}. \tag{26, 6}$$

Diese Beziehung kann unter der zusätzlichen Voraussetzung (24, 1) nur für

$$G_0 = 0, \quad \text{d. h. für} \quad G(\vartheta) \equiv 0 \tag{26, 7}$$

bestehen. Dadurch nimmt die Randbedingung (26, 1) die Form

$$\left[\frac{\partial}{\partial r} \{\varphi(r, \vartheta) - \Phi(r, \vartheta)\}\right] - \frac{\gamma_1}{1 + k(\vartheta)} [\varphi(r, \vartheta) - \Phi(r, \vartheta)] = 0$$

an. Bekanntlich läßt das durch diese Bedingung gekennzeichnete Randwertproblem im Gebiet $r > 1$ nur die Lösung

$$\varphi(r, \vartheta) - \Phi(r, \vartheta) \equiv 0$$

zu, womit zugleich die eindeutige Lösbarkeit des Problems II bewiesen ist.

Literatur

[1] A. Betz, Beiträge zur Tragflügeltheorie. Dissertation Göttingen 1919.

[2] M. Eihcler, Konstruktion lösender Kerne für singuläre Integralgleichungen erster Art, insbesondere bei Differenzkern. Math. Zeitschr. **48** (1942), 503–526.

[3] R. Fuchs, L. Hopf und F. Seewald, Aerodynamik, Berlin 1935, 3. Kap. § 7.

[4a] G. Giraud, Sur les équations à intégrales principales. C. R. Soc. Math. France année 1933 (1934), 45–51.

[4b] — Équations à intégrales principales; étude suivie d'une appliquation. Ann. École norm. III **51** (1934), 251–372.

[4c] — Sur certaines équations à intégrales principales. Ann. École norm. III **54** (1937), 293–294.

[5a] A. Korn, Lehrbuch der Potentialtheorie. Bd. 1 (1899), Bd. 2 (1901), Berlin.

[5b] — Untersuchungen zur allgemeinen Theorie der Potentiale von Flächen und Räumen. Sitzungsber. Bayr. Akad. **36** (1906), Heft 1.

[6a] L. Lichtenstein, Über das Poissonsche Integral und über die partiellen Ableitungen zweiter Ordnung des logarithmischen Potentials. Journ. reine angew. Math. **141** (1912), 12–42 und **142** (1913), 189–190.

[6b] — Neuere Entwicklung der Potentialtheorie. Konforme Abbildung. Enzykl. d. math. Wiss. II C 3.

[7a] K. Maruhn, Zur eindeutigen Lösbarkeit der potentialtheoretischen Randwertaufgaben bei nichtbeschränkten Randwerten. Math. Zeitschr. **48** (1942), 251–267.

[7b] — Über einige Klassen nichtlinearer Randwertaufgaben der Potentialtheorie. Math. Zeitschr. **51** (1947), 34–60.

[8] H. Multhopp, Die Berechnung der Auftriebsverteilung von Tragflügeln. Luftfahrt-Forschung **15** (1938), 153–169.

[9] F. Noether, Über eine Klasse singulärer Integralgleichungen. Math. Zeitschr. **82** (1920), 42–63.

[10] J. Plemelj, Potentialtheoretische Untersuchungen. Jablonowski-Preisschrift. Leipzig 1911.

[11a] W. Pogorzelski, Über die Transformationen einiger iterierten uneigentlichen Integrale und ihre Anwendung zur Poincaréschen Randwertaufgabe. Math. Zeitschr. **14** (1938), 427–444.

[11b] — Sur une équation intégrale de première espèce. Journ. pures appl. IX, 18 (1939), 97—109.

[12] H. POINCARÉ, Potential Newtonien, Paris 1899.

[13a] W. SCHMEIDLER, Zur Theorie des Schwingenflugs. Sitzungsberichte Berl. Math. Ges. 38. und 39. Jahrg. (1940), 64—71.

[13b] — Zur Theorie des Schwingenflugs II. Sitzungsberichte Berl. Math. Ges. 40. und 41. Jahrg. (1942), 1—12.

[13c] — Über Integralgleichungen erster Art mit beschränkter Kernmatrix. Journ. reine angew. Math. **186** (1944), 16—24.

[14a] H. SCHMIDT, Bemerkung zur Statik der Kreisplatte. Math. Ann. **112** (1936), 322—324.

[14b] — Strenge Lösungen zur PRANDTLschen Theorie der tragenden Linie. Zeitschr. angew. Math. Mech. **17** (1937), 101—116.

[14c] — Theorie der Auftriebsverteilung beliebig verwundener elliptischer Tragflügel. Luftfahrt-Forschung **15** (1938), 232.

[15] K. SCHRÖDER, Über eine Integralgleichung erster Art der Tragflügeltheorie. Sitzungsberichte Preuß. Akad. Wiss. Phys.-math. Klasse 30 (1938).

[16a] H. SCHUBERT, Zur Ermittlung der Auftriebsverteilung nichtelliptischer Tragflügel mit der Methode der sukzessiven Approximationen. Luftfahrt-Forschung **15** (1938), 560—562.

[16b] — Ein potentialtheoretischer Hilfssatz. Math. Zeitschr. **47** (1940), 8—15.

[16c] — Die Berechnung der aerodynamischen Eigenschaften von Luftschrauben beliebiger Form bei schwacher Belastung. Jahrbuch 1940 der deutschen Luftfahrtforschung.

[16d] — Ein einfaches Verfahren zur Berechnung der aerodynamischen Eigenschaften einer schwachbelasteten Luftschraube von beliebiger Gestalt in reibungsloser inkompressibler Strömung. Dtsch. Luftfahrtforsch. Zentr. wiss. Ber. Wes. Unters. u. Mitt. 1920 (1943).

[17] H. SÖHNGEN, Die Lösungen der Integralgleichung $g(x) = \frac{1}{2\pi} \oint \frac{f(\xi)}{x-\xi} d\xi$ und deren Anwendung in der Tragflügeltheorie. Math. Zeitschr. **45** (1939), 245—264.

[18] H. TREFFTZ, Berechnung der Zirkulation für die gerade tragende Linie. Zeitschr. angew. Math. Mech. **18** (1938), 12—20.

[19a] J. WEISSINGER, Ein Satz über Fourierreihen und seine Anwendung auf die Tragflügeltheorie. Math. Zeitschr. **47** (1940), 16—33.

[19b] — Über eine Erweiterung der PRANDTLschen Theorie der tragenden Linie. Math. Nachr. **2** (1949), Heft 1/2, 45—106.

FSC
www.fsc.org
MIX
Papier | Fördert
gute Waldnutzung
FSC® C083411

Zeitfracht Medien GmbH
Ferdinand-Jühlke-Straße 7
99095 Erfurt, Deutschland
produktsicherheit@kolibri360.de